HANGJIA
DAINIXUAN
行家带你选

水 晶

姚江波 ／ 著

U0215461

中国林业出版社

图书在版编目 (CIP) 数据

水晶 / 姚江波著 . - 北京：中国林业出版社，2019.1
（行家带你选）
ISBN 978-7-5038-9875-4

I. ①水… II. ①姚… III. ①水晶 - 鉴定 IV. ① TS933.21

中国版本图书馆 CIP 数据核字 (2018) 第 278424 号

策划编辑　徐小英
责任编辑　梁翔云　徐小英
美术编辑　赵　芳　曹　慧　刘媚娜

出　　　版　中国林业出版社(100009 北京西城区刘海胡同7号）
　　　　　　http://lycb.forestry.gov.cn
　　　　　　E-mail:forestbook@163.com　电话：(010)83143515
发　　　行　中国林业出版社
设计制作　北京捷艺轩彩印制版技术有限公司
印　　　刷　北京中科印刷有限公司
版　　次　2019 年 1 月第 1 版
印　　次　2019 年 1 月第 1 次
开　　本　185mm×245mm
字　　数　152 千字（插图约 350 幅）
印　　张　9
定　　价　60.00 元

粉晶手串

芙蓉石摆件

绿幽灵吊坠

紫晶碗（三维复原色彩图）

　　水晶是人们熟悉的一种宝石，主要由二氧化硅组成，如果含有其他矿物成分，则颜色会发生变化，形成紫晶、烟晶、黄晶、芙蓉石、茶晶、墨晶等，犹如灿烂星河，群星璀璨。水晶的硬度很大，比和田玉还要硬，比较适合雕琢，打磨，是制作雕件的好材料，在历史上精品力作频现。水晶的产地很多，世界范围内很多国家都有产，如中国、印度、危地马拉、马达加斯加、美国等都有见，产量比较大，只是优质程度不同。水晶的形成通常需要千百万、甚至是上亿年的沧海桑田，需要多种地质条件共同作用，是天地之精华，人间灵物；色彩斑斓，美不胜收。水晶在新石器时代就有见，当时人们已经拿水晶制作吊坠等工艺品，商周以降，直至明清都是这样，在数量上呈现出增长的趋势，但总体来看古代水晶的数量有限，这与古代人们开采水晶的技术有关，许多水晶未被开采出来；当代水晶的数量有了大幅度的提升，数量众多，市场上可谓是琳琅满目，应有尽有，在品种上也是比较丰富，这与当代高超的开采能力有关，很多在过去难以大规模开采的矿点被开采了出来，水晶雕件及装饰品的备料丰富；水晶制品自新石器时代产生之后就迅猛发展，在中国

紫晶镯（三维复原色彩图）

红水晶摆件

历史上产生了无与伦比的造型，如水晶环、串珠、项链、观音、文房用具、盘、烟斗、洗、龙、貔貅、山子、印章、瓶、吊坠、如意、洗等都有见，可谓是造型繁多，且在世俗化的程度上较为深刻，在民间十分流行；但水晶精品并不是十分丰富，大多数水晶并未达到精品的程度，特别是在净度上有很多水晶无法达到视觉意义上的纯净，但正是因为绝大多数的水晶有这样或者那样的瑕疵，才衬托出了精品水晶作品的冰清玉洁，精美绝伦。再者，水晶的镶嵌工艺也很普遍，无论古代还是当代都有见，多是嵌在银器和金器之上，不同的材质使得水晶更加熠熠生辉。

中国古代水晶虽然离我们远去，但人们对它的记忆是深刻的，这一点反应在收藏市场之上，在收藏市场上历代水晶都受到了人们的热捧，特别是明清水晶在市场上交易频繁。由于中国古代水晶在日常生活当中扮演着重要的角色，是珍贵的珠宝，特别是在古代数量少之又少，因此十分珍贵；从器形上看通常都制作的比较小，非常精致，再加之承载着众多的历史信息，具有极高的研究价值；同时这些水晶大多制作精美、精益求精，非常具有艺术价值，在研究和艺术价值的双重作用下，中国古代水晶必然拥有了极高的经济价值；从数量上看，虽然中国古代水晶在数量上有限，但从客观上看还是有一定的量，所以人们收藏到古代水晶的可能性还是比较大的。当代水晶数量众多，但优质者并不多，这也注定了各种各样作伪的水晶频出，成为市场上的鸡肋，高仿品与低仿品同在，鱼龙混杂，真伪难辨，水晶的鉴定成为一大难题。而本书拟从文物鉴定的角度出发，力求将错综复杂的问题简单化，以色彩、质地、造型、纹饰、厚薄、重量、风格、打磨等鉴定要素为切入点，具体而细微地指导收藏爱好者由一件水晶的细部去鉴别水晶之真假、评估古水晶之价值，力求做到使藏友读后由外行变成内行，真正领悟收藏，从收藏中受益。以上是本书所要坚持的，但一种信念再强烈，也不免会有缺陷，希望不妥之处，大家给予无私的批评和帮助。

姚江波

2018 年 12 月

◎ 目 录

黄晶摆件

水晶

水晶环·汉代

水晶球

紫晶摆件

水晶吊坠

925 银链优化钛晶吊坠

第一章　质地鉴定

粉晶手串

第一节　概　述

一、概　念

水晶是一种宝石，矿物名称是石英，主要成分是二氧化硅，当二氧化硅纯度接近 100% 时呈现出无色透明晶体，如果里面含有其他矿物，水晶色彩依据矿物的不同而呈现出不同的色彩，如紫色、黑色、粉色、黄色、茶色、绿色、棕色等，而依据这些不同的色彩，人们将水晶分为不同的种类，如紫晶、烟晶、黄晶、芙蓉石、茶晶、墨晶等。当然，水晶当中有时还含有一些包裹体，如金红石、云母等，

紫晶执壶（三维复原色彩图）

水晶摆件

芙蓉石摆件

茶晶珠

如发晶就是里面包裹有金色的针状金红石。从形状上看，水晶在形状上通常是六棱柱状，这是其本源性形状，但往往很多水晶结晶并不完整，从而造成了千姿百态的水晶，柱状、锥形、不规则状等，大小不一。天然水晶，小者可把玩于手心，大者需用吊机进行起重运输，总之是差别比较大。

红水晶摆件

黄晶碗（三维复原色彩图）

黄晶摆件

二、产 地

水晶的产地很多，从世界上来看，中国、印度、危地马拉、马达加斯加、土耳其、意大利、美国、法国等都产水晶，这些国家产量比较大，实际上有很多国家都产水晶，这是由水晶二氧化硅的本质特性所决定，因为毕竟石英是世界上储量最大的矿物之一，只是产量的问题。中国是水晶大国，在我国境内有很多地方都产水晶，如山西、河南、山东、新疆、内蒙古、广东等地都有产，较为著名的产地有连云港市的东海县、海南省的羊角岭等，一是产量大，二是质地优良。当然，其他地方的水晶矿也是有见，如河南洛阳等地也有水晶的产出，只是在储量上不及东海，鉴定时应注意分辨。

优化钛晶执壶（三维复原色彩图）

925 银链优化紫晶吊坠

黄晶摆件

紫晶摆件

水晶摆件 粉晶吊坠

第二节 质地鉴定

一、硬 度

硬度是水晶抵抗外来机械作用的能力，如雕刻、打磨等，是自身固有的特征，同时也是水晶鉴定的重要标准，对于水晶而言硬度非常大，通常水晶的硬度约为7，这个硬度相当硬，比和田玉的硬度6～6.5还要大，比珊瑚3.5～4.01的硬度大很多，可见水晶无论在玉石还是宝石当中硬度都属于比较大，一般的刻刀对其根本不起作用，这是水晶鉴定的一个重要环节。

优化绿幽灵吊坠

二、比　重

　　水晶在质地上非常致密，水晶的密度约为 $2.21 \sim 2.65$ 克／立方厘米，它直接反应了水晶内部成分和结构，内部结构越是细密，密度越大，这个比重数值越高，质地一定是相当坚硬，所以水晶除了容易碰伤外（图 18），自然情况下难以腐蚀，不容易脆裂。水晶感觉会比较重，这主要得益于其内部良好的组织结构，鉴定时应注意分辨。

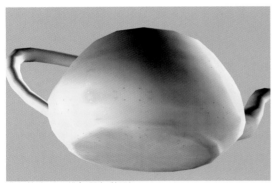

黄晶执壶（三维复原色彩图）

紫晶执壶（三维复原色彩图）

优化发晶碗（三维复原色彩图）

黄晶摆件

粉晶吊坠

三、折射率

折射率是光泽通过空气的传播速度和光在水晶中的传播速度之比，通常水晶的折射率约为 1.544 ～ 1.553，对于被鉴定的某件水晶制品来讲，显然折射率是个固定数值，将这个固定数值同水晶一般数值进行对比，就可以知道被鉴定水晶是否属于水晶制品，这对于水晶鉴定具有重要意义。

四、断　口

水晶为贝壳状断口，就是在应力的作用下产生的破裂面，形状各异，但大致可以分为齿牙状、起伏不平状、蚌贝状等，这是决定水晶价值的重要依据，如果是齿牙状和起伏不平状的断口，水晶体内部可能会有重大缺陷，而水晶贝壳状的断口，说明如果做雕件受力后不容易碎掉，则比较适合制作雕件。

五、粉　末

对水晶粉末来进行观察，一般将水晶的粉末称之为条痕，水晶粉末的色彩是无色的，其实这种鉴定方法很简单，它消除了水晶本色以外的其他色彩，直接观察水晶的色彩，鉴定时应注意经常使用。

优化彩幽灵吊坠

芙蓉石摆件

六、脆　性

水晶脆性很大，这主要是由于其硬度很高，内部结构非常的致密，这样脆性就大，在受到外界撞击后基本上反应比较大，立刻就会碎掉，所以应保护好，避免由于磕碰而造成伤害，鉴定时应注意分辨。

七、绺　裂

水晶有绺裂的情况常见，通常都是水晶自身原矿携带，越大的器物之上绺裂越容易出现，越小的器皿之上绺裂出现可能越低，绺裂对于水晶价值的影响很大，因此在购买时应仔细观察。

优化黄晶狐

八、痕迹法

这是一种有损的检测方法，不过一般情况下都没有问题，如普通的石头刻划水晶，水晶是不会留下任何痕迹，倒是石头受损了，这是由于水晶的硬度比较大所致，但是如果能够刻划出痕迹，显然这不是水晶制品。

红水晶摆件

九、观察法

观察水晶通常很容易观察到絮状的物质，这是一种正常的现象，但一般情况下棉絮状是比较均匀的，呈现出自然状态的分布。有时也会看到的云雾状，均匀的条纹状等。当然也有见冰裂纹的情况，这种情况不是很好，作为雕件可能会很有问题，鉴定时应注意分辨。

黄晶摆件

芙蓉石摆件

优化草莓晶吊坠

十、光 泽

光泽是光线在物体表面反射光的能力，而水晶的这种反射能力非常强，光泽较好，在太阳光下非常的漂亮，转动每一个面都是熠熠生辉，但水晶光泽并不刺眼，非常柔和，多数通体闪烁着非金属的玻璃光泽，油性光泽浓郁。水晶的光泽不会随着时间的流逝而消退，这与其致密的结构有关系，我们来看一则实例，春秋战国水晶管"莹润"（中国社会科学院考古研究所洛阳唐城队，2002），由此可见，这件春秋战国时期水晶管至今还是如初般的熠熠生辉。

十一、透明度

透明度是水晶透过可见光的程度，水晶的透明度非常之好，这一点无论是古代还是当代都是这样，新石器时代水晶石坠"95TZM140：3，透明"（青海省文物管理处等，1998），纯的二氧化硅水晶可以说是完全透明，水晶透过光的能力本身比较强，但由于水晶当中含有不同的矿物质，水晶在色彩上显现了各种各样的比较复杂的色彩，绿色、乳白色、黄色、茶色、紫色、粉色、发晶、墨色、橙黄色、浅茶色、淡黄色、红色、棕色、浅蓝色等，如血珀、蓝珀、棕色等都有见，所以在透明度上也造成了不同色彩的水晶透光性不同，完全透明的水晶就是纯正的二氧化硅，其次就依据色彩的不同，透明和微透明的博弈，我们也可看一则实例，东汉水晶饰"M27：25，不甚透明"（广西壮族自治区文物工作队，2002）。另外，有色水晶在透明度上也会受到厚度特征的影响，如厚度越大，透明度越低等，这些因素我们在鉴定时应引起充分注意。

茶晶珠

水晶球

水晶吊坠

茶晶执壶（三维复原色彩图）

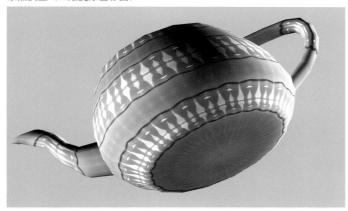

紫晶执壶（三维复原色彩图）

十二、吸附效应

吸附效应鉴定的原理是利用水晶的物理现象，既热电效应，加热水晶体后所产生的电压能够吸附灰尘，而人工合成的水晶则没有这一物理现象，真伪自然可辨识，不用特意的加热，通常情况下玻璃柜内的太阳光或者是灯光的热度足以，水晶体两端受热，从而产生电荷，可以吸附灰尘等，如果不具有吸附性，则说明是伪器。

十三、气　泡

水晶中有气泡者为假水晶，因为这不符合水晶的物理特性，有气泡的水晶多为人工水晶，当然即使假水晶一般用眼睛观测不到，通常情况下要使用放大镜进行观测，只要发现内气泡，无论这种气泡是拉长的，还是压扁的，都可以判定为伪器，我们在鉴定时应注意分辨。

优化发晶吊坠

十四、手　感

人们用手触及到水晶时的感觉也是鉴定的重要标准，这种标准大有"只可意会不可言传"之韵，水晶给人的感觉是特别凉，特别是放到嘴唇之处会有冰凉感。从温润性上，水晶通常十分细腻、温润、光滑，与视觉感觉到的美有着异曲同工之妙。从轻重上看，水晶通常情况下由于密度较大，所以会很重。

手感虽然是一种感觉，但却不是唯心的，它也是一种有效的鉴定方法，而且是高境界的鉴定方法之一，收藏者在练习这种鉴定方法时需要具备一定的先决条件，就是所触及的水晶必须是靠谱的标准器，而不是伪器，如果是伪器则刚好适得其反，将伪的鉴定要点铭记心中，为以后的鉴定失误埋下了伏笔，所以手感鉴定对于我们鉴定水晶是极其重要的，在实践中应多体会。

绿幽灵吊坠

黄晶摆件

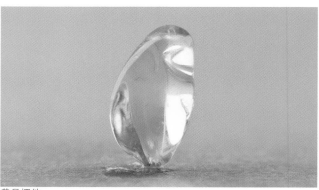

黄晶摆件

紫晶摆件

十五、纯净程度

　　水晶通常会有一些杂质，特别是器物越大的水晶越有可能观察到杂质，对于水晶杂质的观察不必使用强光手电，直接观测就可以了，纯净程度是决定水晶优劣的标准之一，通常情况下水晶在纯净程度上都有问题，这是自然之物的正常属性，但有的比较小的物品，比如一个界面，一个小球体，人们可以利用切割技术等，将有杂质的地方切下，这样看起来就比较纯净了，一般情况下纯净程度越高的水晶价值越高，而相反不太纯净的水晶在价值上自然就低。但在珍稀程度上也要看品种，如水晶体内的包裹有象形的东西，如观音、佛等，那么价值就很高了，因此所谓水晶的纯净程度在判定水晶优劣上是辩证的。

水晶摆件

紫晶摆件

黄晶珠（三维复原色彩图）

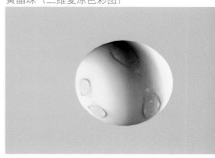

优化粉晶吊坠　　　　　粉晶手串　　　　　　　黄晶摆件

十六、精致程度

　　水晶在精致程度特征上比较明确，无论从新石器时代的水晶来看，还是从当代水晶来看，都是比较精致，但也都是偶见做工随意者。当然精致程度是对水晶总体的评价，包括选料、做工等诸多方面，中国古代水晶之所以是以精致为主，显然是因为中国水晶在古代极为稀少，人们得到原料不容易，所以通常情况下将水晶制作的尽善尽美。相反的是当代水晶情况发生了巨大变化，水晶的量真是太大了，现代化机械化的开采将很多古人看不到的水晶原石都挖了出来，探明储量，没有开挖的还有很多，水晶只有是相当好的净度，相当好的料子才显得十分珍贵，所以，在雕件的制作上主要是以精致为主，但在原料极盛的背景之下，显然做工粗糙的情况也有见，但是已不占主流而已，我们在鉴定时应注意理解。

黄晶碗（三维复原色彩图）　　　　　　紫晶碗（三维复原色彩图）

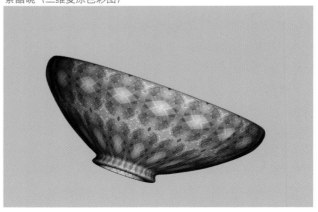

第三节 辨伪方法

　　水晶的辨伪方法主要包括两种，一种是对古代水晶文物性质的辨伪，另外一种是对当代水晶质地的辨伪，两种其实是一种方法论，一种行为方式，是人们用它来达到水晶玉质辨伪目的手段和方法的总合，因此辨伪方法并不具体。它只能用于指导我们的行为，以及对于古水晶辨伪的一系列思维和实践活动，并为此采取的各种具体的方法。由上可见，在鉴定时我们要注意到辨伪方法在宏观和微观上的区别。另外，还要注意到对于水晶的鉴定和辨伪，不是一种方法可以解决的，而是多种方法并用。

　　在水晶的辨伪当中科学检测显然已经成为一种风尚，许多水晶制品本身就带有国检证书，表明仪器检测的观念已深入人心，这是由水晶适合检测的固有优点所决定，通过对硬度、密度、折射率等一系列的数值的检测，很快就能够科学有依据地得出被鉴定物是否是水晶制品。不过年代等特征，目前国检并不能出具有效证书，主要还是从考古学和传统金石学两个方面来进行判定。

紫晶摆件

紫晶碗（三维复原色彩图）

优化发晶碗（三维复原色彩图）

优化钛晶执壶（三维复原色彩图）

第二章　水晶鉴定

无时代特征水晶摆件

第一节　特征鉴定

一、出土位置

水晶传世下来的非常少，主要以墓葬发掘为主，其中原因主要是水晶原料难得，非常珍贵，我们来看一则实例，汉代"棺内一侧与水晶、琉璃串饰伴出的还有 50 枚，都是'大泉五十'"（广西壮族自治区文物工作队等，2003）。由此可见，汉代水晶犹如钱币一样珍贵。下面我们具体来看一下：

1. 新石器时代水晶

新石器时代水晶主要以遗址出土为主，有的就是原石，我们来看一则实例，新石器时代"水晶石坠 3 枚"（青海省文物管理处等，1998），由此可见，水晶在那个时候比较珍贵，人们很少用水晶来随葬，同时说明在新石器时代厚葬观念也是比较弱化，墓葬随葬的情况很少见，鉴定时应注意分辨。

2. 商周秦汉水晶

商周秦汉时期水晶在出土位置上特征很明显，主要分为两个时期，商周时期墓葬和遗址内都有出土，秦汉时期以墓葬出土为主，我们来看一则实例，汉代水晶组合串饰，"第一组　M5：67，摆放在头部的左侧"（广西壮族自治区文物工作队等，2003），由此可见，墓葬出土水晶摆放在特别重要的位置，应该是墓主人生前心爱之物，从组合串饰的造型来看，当时水晶虽然还是十分珍贵，但与新石器时代相比在数量上有所增加，这说明其器珍贵程度在下降，特别是在汉代厚葬之风的影响下，水晶经常随葬于墓葬当中，不过专有明器还没有发现，主要是以生前佩戴，死后随葬为主。

无时代特征芙蓉石标本

红水晶摆件

3. 六朝隋唐辽金水晶

六朝隋唐辽金时期的水晶在随葬位置上是延续前代，都是以墓葬出土为主，放置在距离墓主人很近的地方，六朝时期受到薄葬风俗的影响，水晶从墓葬内发掘出土情况并不多见，隋唐辽金时期墓葬内时常有见，但数量并不是很多。

4. 宋元明清水晶

宋元明清时期水晶已经成为人们熟知的珠宝，主要以装饰品、摆件、首饰为主，出土位置多是随身携带，不过总的趋势是水晶制品随葬数量减少，这可能与水晶地位较之以前有所下降有关。明清时期同样出土器物并不是很常见，主要是以装饰品随葬于墓葬当中，但明代随葬水晶的情况减少，主要以传世品为主。

5. 民国当代水晶

民国当代水晶多以传世为主，少见出土器物，故不存在出土位置特征。当代水晶更是这样，不存在出土水晶的情况，鉴定时应注意分辨。

紫晶碗（三维复原色彩图）

粉晶吊坠

茶晶珠

二、件数特征

水晶在件数上的特征对于鉴定而言十分重要，可以反映出水晶在各个时代流行的程度，为鉴定提供概率性的支持。下面我们具体来看一下件数特征：

1. 新石器时代水晶

新石器时代水晶完整器皿有见，我们来看一则实例，新石器时代水晶环玦饰"2 件为完整块"（邓聪，1997），由此可见，这两件水晶块完整地保留了下来，当然块的完整与其扁平而小的造型有关，同时水晶过硬和耐腐蚀的特点是分不开的，只是从数量上看是比较小，只有2 件块完整，大多数的水晶都是有残缺的，因为依上例，该遗址"共有残饰 140 件"，这样我们可以看到完整器物所占比例甚小，这一点我们在鉴定时应注意分辨。

水晶环·汉代

水晶环·汉代

2. 商周秦汉水晶

商周秦汉水晶在件数特征上特点很明确，我们来看一则实例，商代茶色水晶"石片1件"（广东省文物考古研究所等，1998），由此可见，商周时期数量很少，多以1件为主，当然2件的情况也可有见，该遗址还出土了"石核2件"，这样我们可以看到商周时期在件数特征上基本就是以1到数件为多见，而且发现有水晶的遗址并不是太多。随着时间的推移，至春秋战国时期水晶的数量有所增加，我们来看一则实例，春秋时期"水晶环2件"（孔令远等，2002），再来看一则实例，春秋战国"水晶环1件"（沂水县博物馆，1997年），由上可见，春秋时期水晶开始由遗址转向墓葬随葬，而在墓葬当中出土1到2件的情况显然数量有所增加，而且在有些墓葬当中出土数量更大，数十件的情况都有，当然，这与春秋战国时期原料开采量的增加有一定的关系。秦汉时期水晶在件数特征上依然是延续前代，但在延续前代的基础上数量有进一步的增加，这一点我们来看一则实例，汉代水晶组合串饰"第五组   M6b ： 13……，15件水晶饰"（广西壮族自治区文物工作队等，2003），看来汉代水晶在数量上已经有一定规模，而且单品种的水晶在数量上也有所增加，如汉代水晶组合串饰"紫水晶饰3件"（广西壮族自治区文物工作队等，2003），紫色水晶连续随葬几件的情况在以往也是很少见，这说明将水晶以色彩分类在汉代已经十分成熟。

3. 六朝隋唐辽金水晶

六朝隋唐辽金时期水晶在件数特征上变化并不大，我们来看一则实例，六朝水晶"串饰9件"（南京市博物馆，1998），由此可见，虽然六朝时期限制厚葬，但事实证明人们对于水晶的热情并没有因此而减弱，该纪年墓中还是随葬了9件串饰，这是一个比价大的数值，与汉代相比毫不逊色。但总体来讲，水晶制品在六朝时期从出土的总量上来看比汉代少得多，显然也是受到了一些影响。隋唐辽金时期水晶在件数特征上比较明确，我们来看一则实例，唐代"水晶珠1件"（徐州市博物馆，1997），可见该墓发现的水晶珠是1件，这是一个非常小的数值，甚至与汉代都无法相比，不过这种情况显然是贯穿于隋唐辽金时期，整个这一时期出土数量不是很多，说明在隋唐辽金时期应该是水晶特别重要珠宝的地位受到了挑战，水晶在该时期已不是特别珍稀的材质，而且雕刻起来也比较麻烦，因为硬度特别高等原因，总之，种种原因导致了水晶并没有在这一时期真正兴盛起来，鉴定时应注意分辨。

无时代特征黄晶摆件

无时代特征紫晶摆件

4. 宋元明清水晶

宋元时期水晶制品依然延续前代，在件数特征上并不是很常见，变化并不大。明清墓葬当中水晶常见，特别是明代墓葬则是经常见，清代传世品当中也是较为常见。我们来看一则实例，明代"水晶饰件 1 件""水晶环 1 件""水晶珠 1 粒"（南京市博物馆，1999），由此可见，该墓出土水晶虽然数量不是特别多，但种类十分丰富。

5. 民国当代水晶

民国水晶在件数特征上基本延续前代，多是一些印章、吊坠、串珠、烟壶等产品，从件数特征上来看，数量并不是很大，品质矿料好者有见，但与比优质者相比不是很多，这可能与当时的开采能力有限有关。另外，大器的数量也不是很多，特别大的器皿几乎是没有。

当代水晶在数量上相当庞大，从器物种类上看，虽然基本上是延续清代，如观音、文房用具、盘、烟斗、洗、扁瓶、串珠、项链、手链、佩饰、把件、龙、貔貅、山子、平安扣、隔珠、隔片、念珠、胸针、笔舐、炉、印章、瓶、吊坠、如意、桃子、弥勒、童子、人物故事、松鼠、鼎、珠子、牧童、盒子、镇纸、壶、佛像、摆件等都有见，数量相当丰富，商店里琳琅满目，要多少有多少，这主要得益于当代水晶原料被大量地开采出来，同时储量也比较大。从体积上看，当代水晶多数在体积上还是延续明清，但是整体略大，超大型的摆件很多，这样我们可以看到，在过去十分珍贵的珠宝，在当代由于现代化工业技术的开采，已经从珍贵珠宝变成了中档的珠宝，当然水晶当中也有极为珍贵的品种，但对于传统水晶制品而言显然这种宿命难以逃脱，鉴定时应注意分辨。

水晶摆件

水晶摆件

紫晶摆件

紫晶摆件

粉晶手串

925 银链优化紫晶吊坠

三、完残特征

中国古代的水晶制品在完残特征上比较复杂，总体而言水晶制品由于其固有的硬度大等特点，残缺相对于硬度低的质地少，但早期水晶完好者也是屈指可数，数量十分有限，随着时间的推移，水晶制品在完残特征上是越来越好，以至于我们现在还可以从拍卖行拍到许多完好无损的明清时期的水晶作品，当代水晶制品基本上不存在残缺的情况，在运输过程当中可能会有磕碰痕迹，但磨伤、崩裂、划伤等情况几乎不可能发生，因为水晶硬度太大了，用它可以划玻璃，而非专业的工具则划不动水晶。当然，还有一种情况就是缺失的情况，这种情况经常有见，特别是一些串珠，一旦穿系的绳子断掉，就会散落一地，很多墓葬当中的串珠不能复原。总之，不同时代的水晶在完残特征上并不一致，下面具体我们来看一下。

无时代特征黄晶摆件

黄晶摆件

绿幽灵吊坠　　　　　　　　　　　　　　　无时代特征芙蓉石摆件

1. 新石器时代水晶

新石器时代水晶在完残特征上特征比较清晰，我们来看一则实例，新石器时代水晶"环玦饰大部分残缺"（邓聪，1997），由此可见，残缺的数量非常多，当然这与其遗址出土也有关系，客观上缺少墓葬相对独立的空间，这一点我们在鉴定时应注意分辨。

2. 商周秦汉水晶

商周秦汉水晶完整者有见，但残缺者更多，不过商周时期残缺和新石器时代比较接近，至春秋时期，水晶的随葬主要转移到墓葬当中来，残缺的情况虽然还是比较严重，但是就个例来看比遗址残缺的程度等有所减轻，我们来看一则实例，春秋战国水晶管"M535 ：12，边缘略残"（中国社会科学院考古研究所洛阳唐城队，2002），由此可见，这件器皿只是边缘有一点点残，其实对于整个造型的完整性并没有太大的影响。再来看一则实例，西汉水晶珠饰"原串饰样式不明"（广州市文物考古研究所，2003），结合这件器物的造型是水晶珠，我们可以看到显然是串珠由于穿系的绳子腐朽后散落，而造成了串联方式不明确的残缺，实际上这种情况在深入研究的基础之上应该还有完全复原的可能性，因此从这一点上看残的情况并不是很严重，看来轻微残缺显然成为了秦汉水晶的显著特点。

3. 六朝隋唐辽金水晶

六朝隋唐辽金水晶完整器有见，但残缺的情况也有见，我们来看一则实例，六朝水晶头饰"M1 ：23，出土时已脱落"（老河口市博物馆，1998），由此可见，这件水晶头饰在出土时已经是脱落，原因已经不可考，但事实是已经残了，这种情况在六朝隋唐时期的墓葬当中都有见，但总的来看并不严重，因为大多如散落珠子等都能够找到，最终将其复原。残断、磕碰、磨伤、崩裂、划伤等情况有见，但并不是太严重，因为本身水晶硬度比较大，一般的外力不会对其造成伤害。

4. 宋元明清水晶

宋元明清时期的水晶在完残特征上基本延续前代，完整者有见，残缺者亦有见。特别是明清水晶由于传世比较多，完整者大量涌现，在拍卖会上我们可以见到很多，有相当多的水晶制品都是完好无损，几乎没有任何伤害，犹如新的一般。但串珠类拍品比较少见，这自然与时代久远，穿系的绳子撑不了多久等有关，从而使水晶串珠散架，难以复原。

5. 民国当代水晶

民国时期水晶在完残特征上也是比较好，很少见到有残缺的，在特征上基本延续前代，就不再赘述。当代水晶由于是商品，所以品相相当好，在运输过程当中偶有见磕碰等情况，其他如残缺、散落、磕碰、裂缝、磨伤、字迹模糊、划伤等的情况都很少见。不过我们在购买时一定要仔细观察，看水晶制品是否有残缺，因为如果有残缺，显然它的价值和可收藏性就会大打折扣，这一点我们在鉴定时应特别注意。

红水晶摆件

黄晶摆件

优化粉晶吊坠

水晶吊坠

茶晶珠

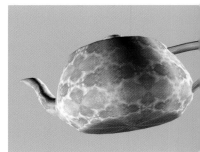

紫晶球（三维复原色彩图）　　　　黄晶碗（三维复原色彩图）　　　　红水晶执壶（三维复原色彩图）

四、伴生情况

水晶的伴生情况多数是指古代水晶，在墓葬出土时和水晶一同随葬的器物，也就是一同出土的器物，这对于判断水晶的质地、功能等都有着重要的意义，是鉴定方法的一个重要方面。

1. 新石器时代水晶

新石器时代水晶在伴生情况上特征明确，我们来看一则实例，新石器时代"计587件……，种类有典型的细石核和细石叶，以及细小石片、碎片和碎屑等，其原料主要为燧石，个别的为水晶"（中国社会科学院考古研究所西藏工作队，1999），由此可见，古人实际上是将石器和水晶放在同一地位之上，这说明在新石器时代水晶其实也就是比较硬的石头，人们最开始如上例想到的可能是制作工具，而不是珠宝，其实这才是水晶的本源功能。

随着人们对于水晶认识的深入，水晶成为了重要的类似当代珠宝一样的宝石，如新石器时代"装饰品276件，有水晶石坠、绿松石块、绿松石珠、玛瑙珠、玉璧等"（青海省文物管理处等，1998），由此可见，水晶同绿松石、玛瑙、玉器等材质伴生在一起，说明其珍贵程度在不断上升。这涉及古人对于玉质的认识问题：第一种观点认为只有软玉才是玉；第二种观点则认为凡是具有坚韧、润泽、细腻等质地的美石都是玉器，包括硬玉（碱性辉石类矿物组成的集合体如翡翠）和其他质地的宝玉石（如玛瑙、岫玉、水晶），这样的观点在今日的民间广为流传，此观点与古人的观点也是不谋而合，如汉代许慎《说文解字》称玉为"石之美有五德"，所谓五德即指玉的五个特征，凡具温润、坚硬、细腻、绚丽、透明的美石都被认为是玉。由此可见，古人玉器的概念十分宽泛。

2. 商周秦汉水晶

商周秦汉水晶在伴生上特征很明确，我们来看一则实例，商代"经测定，出土玉器质地有透闪石、阳起石、叶蛇纹石、利蛇纹石、绢云母、水晶、玛瑙、玉燧、石英、绿松石等"（广东省文物考古研究所等，1998），可见基本上是以玉器、绿松石、玛瑙等在一起伴生出土，由此可见，商代对于玉器玉质的研究已经十分深入，在这一时期这些都被认为是玉，正如许慎《说文解字》所说的"石之美有五德"一样。春秋战国时期基本与商周时期一样，水晶器皿在伴生特征上与诸多当时的贵重珠宝在一起，我们来看一则实例，春秋战国时期"项链 由1件椭圆形玉饰、11件玉珠、1件玛瑙珠、5件水晶珠、1件扁平玉管和2件绿松石珠组成"（中国社会科学院考古研究所洛阳唐城队，2002），看来的确水晶在当时是被人们作为如同玉器一样的珠宝在使用。秦汉时期也是这样，来看一则实例，汉代"玉、石器质地繁杂，大致可分为玉、石、玛瑙、绿松石、琥珀、水晶、琉璃等"（云南省文物考古研究所等，2001），可见汉代基本上是延续前代，水晶是作为一种重要的珠宝同诸多玉石珠宝类材质共同出土。我们再来看一则实例，东汉"此外，还有水晶珠7粒、玛瑙珠2粒、琥珀珠28粒、金珠3粒"（广西文物工作队等，1998），这则实例所说明的问题更为典型，说明水晶在东汉时期基本上和金珠等属于同类，可见水晶珠子的贵重程度在汉代达到了相当的高度。

黄晶执壶（三维复原色彩图）

紫晶执壶（三维复原色彩图）

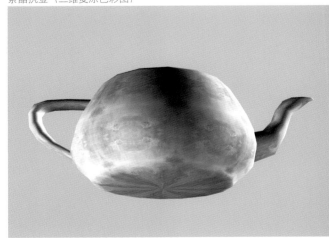

3. 六朝隋唐辽金水晶

六朝隋唐辽金时期的水晶在伴生情况上基本延续前代，水晶同样是作为一种很珍贵材质同金银玉石等共同出现，但六朝时期显然是受到官府限制厚葬的影响，在出土器物数量上锐减。隋唐辽金时期基本还是延续汉代，只是到了唐代物质文化异常发达，各种珠宝玉器也是比较多，水晶作为贵重材质的地位略有下降，这一点从唐代墓葬当中水晶数量的情况也可以看得很清楚，只是墓葬当中有见而已。

4. 宋元明清水晶

宋元明清时期的水晶在伴生特征上基本延续前代，只是在细节上有些变化，我们来看一则实例，明代"该墓共出土金、银、玉、琥珀、水晶、铜、锡、瓷等不同质地的器物 100 余件，随葬品大多见于后室"（南京市博物馆，1999），由此可见，宋元明清水晶在伴生特征上还是与金、银、玉、铜、锡等在当时认为是比较珍贵的材质伴生在一起，看来自汉代而来的这一传统至明代依然在延续。另外，这一时期水晶的伴生材质显然是在不断增加，如珊瑚、高档瓷器等，鉴定时应注意分辨。

红水晶碗（三维复原色彩图）

黄晶摆件

红水晶摆件

水晶摆件

5. 民国当代水晶

　　民国当代水晶基本上不存在伴生出土的情况，但存在着与其质地接近的器皿共同出现在市场上的情况，如与玛瑙有时共同出现就很难辨认；还有一些珠宝类的产品都与水晶很相似，我们应该以水晶的概念为依据，在市场上应注意分辨。

第二节   工艺鉴定

一、穿   孔

水晶穿孔是实用价值的重要体现，在器物造型上有相当的限制，常见串珠、吊坠、管、隔珠、挂件、项链等，器物造型众多，穿孔的目的无疑是进行穿系，以利实用。不同时代的水晶在传统特点上略有不同。

1. 新石器时代水晶

新石器时代水晶在穿孔特征上非常明确，我们来看一则实例，新石器时代水晶石坠"95TZM140 ：3，尾端钻孔"（青海省文物管理处等，1998），由这件实例可见，尾端钻孔穿系进行佩戴的水晶吊坠在新石器时代就已经出现了，那个时候的人和我们今天人们佩戴水晶饰品没有什么不同，这样看来穿孔的最初目的就是实用，或者说实用与装饰的结合体。

2. 商周秦汉水晶

商周秦汉水晶在穿孔上特征也是较为分明，如在玉铲、玉钺、玉璧等器皿之上都有钻孔，这是为了成就其造型，当然水晶在造型上没有玉器丰富，

茶晶珠

粉晶吊坠

但由于硬度差不多，所以在钻孔技术上水晶应该没有问题。我们来看一则实例，春秋战国水晶管"有穿"（中国社会科学院考古研究所洛阳唐城队，2002）。由此可见，水晶管有穿孔，这实际上是相当有难度的事情，因为将坚硬的水晶凿刻成管状，这是很难的事情，但是当时的人显然是做到了。从孔的位置来看，在春秋战国时期多是中间有孔，在钻孔方法上一般是对钻，战国紫晶串饰"有对钻穿孔"（淄博市博物馆，1999），鉴定时应注意分辨。

3. 六朝隋唐辽金水晶

六朝隋唐辽金水晶穿孔较为常见，我们来看一则实例，六朝水晶串饰"M6：27，中间有孔"（南京市博物馆，1998）。该器物的造型是串饰，这里的穿孔指的是珠子的穿孔，一般都在中部，这与中国人习惯于平衡感、对称、中庸等思想是贯通的，基本上从新石器时代开始穿孔的位置就都选择在中部，通常情况下水晶的穿孔是精益求精，一丝不苟。另外，六朝水晶的穿孔还向着多元化的方向发展，这一点很明确，我们来看一则实例，头饰"M1：23，四蒂间及心部各有一孔"（老河口市博物馆，1998），由此可见，水晶在头饰的多处打孔，以利实用，但是穿孔的位置特别的巧妙，是在四蒂间及心部都有穿孔，这样将实用与装饰的功能以最为完美的形式固定在一起。隋唐辽金时期在穿孔特征上基本延续传统，变化并不是很大，这一点在鉴定时应注意分辨。

4. 宋元明清水晶

宋元明清水晶在穿孔特征上延续传统，明代水晶饰件"M4：16，中有穿孔"（南京市博物馆，1999），由此可见，该时期的穿孔还是延续新石器时代就有的中部穿孔的特征，兼顾实用与装饰的双重功能。由此可见，穿孔这一特征在功能不变的情况下持续了万年之久。

水晶吊坠

优化发晶吊坠

绿幽灵吊坠

5. 民国当代水晶

　　民国当代水晶在穿孔特征上基本上延续前代，非常规整，特别是当代水晶在穿孔特征上更加标准，因为基本上都是机器打孔，小到针孔大小的孔径，大到水晶镯等大小的圆孔，基本都是机打孔，这样的孔径特征是更加的规整，弧度圆润，较为标准。从位置上看，民国当代水晶在打孔特征上也是比较复杂，以中部打孔为主，但是由于这一时期的器物造型非常之多，打孔的位置也是各不相同，再者为了讲究效果，一些器物在打孔特征上不一定按照传统打在中部，也可能有意造就不平衡的艺术美感，总之，当代在打孔技术及艺术性上超越以往任何时代。

粉晶手串

优化发晶吊坠

925 银链优化紫晶吊坠

925 银链优化钛晶吊坠

黄晶摆件

紫晶摆件

绿幽灵吊坠

二、打　磨

　　打磨是水晶做工的重要的环节，水晶不打磨不成器，只有经过打磨抛光之后的水晶才晶莹剔透，美不胜收，手感润泽，通体闪烁着非金属的淡雅光泽，无论古代还是当代都比较重视水晶的打磨，多数是精工细磨，精益求精，这其实是与其材质的珍稀性有关，直到民国时期水晶都是比较稀有的材质，只是在当代由于现代化的开采，大量的水晶被开采出来，但是当代水晶基本上是机器打磨，整齐划一，非常的漂亮，几乎没有瑕疵。总之，各个时代的水晶在打磨上特征也不同。

水晶吊坠

水晶球

1. 新石器时代水晶

新石器时代水晶在打磨上前期不是很好，但是在中后期打磨相当漂亮，与历史上各个时期的吊坠等没有太大的区别，其实新石器时代在琢玉工艺上已经达到了较高的水平，在技术上取得了很大的成就，打磨水晶应该是从技术上不存在问题，鉴定时应注意体会。

2. 商周秦汉水晶

商周秦汉水晶在打磨上较为注重细节，对水晶全方位多角度地打磨不同位置，不留死角，这其实很难，因为水晶毕竟是硬度比较大，在打磨方法上商周时期的水晶应该手工和机械相互结合，如青铜砣轮，而汉代已经有了锻铁砣轮，从理论上讲，商周秦汉时代将水晶打磨到最佳状态，这一点是没有疑问的。

3. 六朝隋唐辽金水晶

六朝隋唐辽金水晶在打磨上基本上延续前代，打磨全方位。在打磨态度上，精益求精，一丝不苟，在质地上料子越优良，打磨越仔细，鉴定时注意分辨。

4. 宋元明清水晶

宋元明清水晶在打磨上延续传统，从大量明清时期传世下来的水晶来看，打磨讲究精工细琢，将水晶打磨到其最为温润的固有特征一面，晶莹剔透，精美绝伦。

无时代特征水晶摆件

红水晶执壶（三维复原色彩图）

5. 民国当代水晶

民国水晶在打磨上依然延续前代，与明清时期比较相像。当代水晶制品在打磨几无缺陷，首先是比较重视打磨，一般情况下都是精益求精、一丝不苟；再者当代水晶以机械打磨为主，打磨的非常到位，一般情况下不会有瑕疵。无论大件小件、精致与粗糙打磨都很到位，可以说在打磨上当代水晶达到了历代最高水平，鉴定时应注意分辨。

粉晶吊坠

茶晶珠

黄晶摆件

水晶球

茶晶单珠

芙蓉石摆件

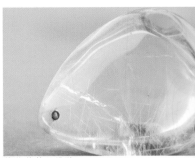

优化草莓晶吊坠

三、使用痕迹

　　水晶制品的使用痕迹有很多，如新旧程度、穿系的磨损程度等诸多方面，如果能够认定水晶的使用痕迹，那么显然是判断老水晶和新水晶的重要标准，我们来看一则实例，东汉水晶组合串饰"器身上有磨槽"（广西壮族自治区文物工作队等，2003），可见这是一件很古老的有使用痕迹的水晶，因为水晶上的磨槽应该是很长时间才能形成，并且可以看到这件组合串饰就是当时人们真正佩戴使用的装饰品。另外，水晶的硬度也是比较大，各种磕碰的情况如果是实用器偶有见也是很正常的情况，如口磕、足磕等，但划伤的情况应该比较少见，因为水晶的硬度很大，通常情况下很难划伤。

　　总之，各个时代的情况还是不太一样。

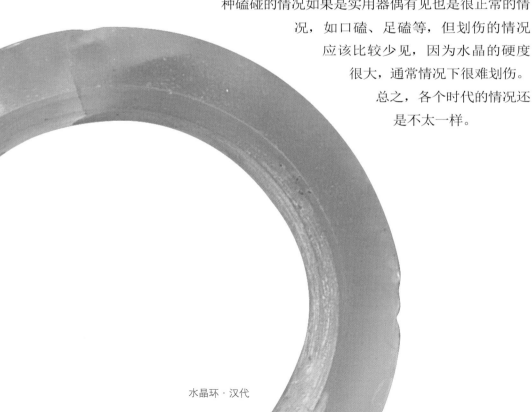

水晶环·汉代

1. 新石器时代水晶

新石器时代水晶在使用痕迹上特征很明确，我们来看一则实例，新石器时代水晶环玦饰"环状饰物中一端断口可辨别有人工切断痕迹者"（邓聪，1997），由此可见，这件水晶玦实质上是由环改造而来，这种情况其实在新石器时代及商周时期都是很常见，由此我们不仅可以看到其工艺上的特征，而且可以看到水晶的使用痕迹，可见水晶在新石器时代使用较为频繁。

2. 商周秦汉水晶

商周秦汉水晶在使用痕迹上特别很明显，我们来看一则实例，商代茶色水晶石核"M8：2，表面遍布打击点及剥片疤痕"（广东省文物考古研究所等，1998），由此可见，商代水晶石核的表面布满打击点及剥落的痕迹，这充分说明在当时这件石核的功能是实用器皿，看来在新石器时代乃至商代早期人们对于水晶质地的认识较为模糊，而且水晶的功能也是较为迷离。秦汉时代水晶在功能上特征明确，其使用痕迹由于石核等器物基本都消失，以装饰、首饰等身份出现的水晶制品，已经很少有像过去那样布满敲击等的痕迹。主要是以穿孔部位绳子磨损程度为主要特征，我们来看那一则实例，东汉水晶组合串饰"两边各有两个锯齿以拴绳"（广西壮族自治区文物工作队等，2003），可见这件组合串饰有锯齿状的拴绳，人们以这种痕迹来确定是否有使用痕迹。这一点我们在鉴定时应能理解。

绿幽灵执壶（三维复原色彩图）

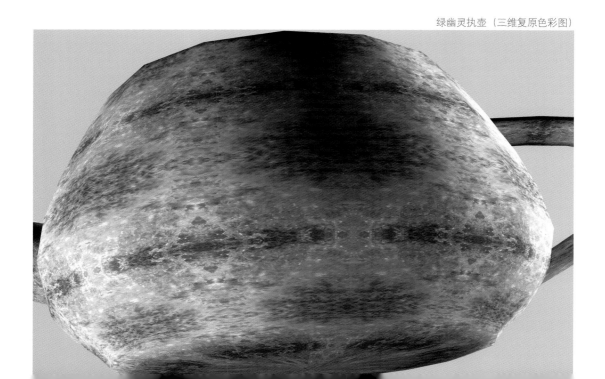

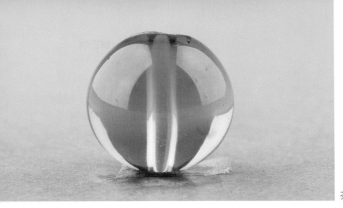

茶晶珠

3. 六朝隋唐辽金水晶

六朝隋唐辽金水晶在使用痕迹上基本延续前代，和商周秦汉时代水晶差不多，不再过多赘述，来进行综合性的判断。

4. 宋元明清水晶

宋元明清水晶在使用痕迹特征上延续前代，也是以绳子的穿系来判断新老，以磨损和残缺程度为辅助，而实际从明清时期出现的器物造型上看，有使用痕迹的不是很常见，多数都是造型隽永、雕刻凝烁、完好无损，这应该与水晶较大的硬度有关，因为水晶只要在外力不破坏的情况下，自然之物，基本上表面很少看到使用痕迹，我们在鉴定时应注意分辨。

5. 民国当代水晶

民国水晶在使用痕迹上与历代没有太大区别，基本上都是传统的延续。当代水晶在使用痕迹上特征也是比较明确，基本上不存在问题，很少见在品相上出问题的情况，这是因为都是刚制作出来的商品，应该没有使用痕迹。另外，穿系磨损的痕迹在当代水晶上也不是很常见，因为当代很多人其实购买水晶并不是为了佩戴，而是为了收藏、陶冶情操等，投资的情况也有见，所以不佩戴，自然痕迹比较少。当然也有盘得比较厉害的，如把件等上面也会有一些痕迹等方面的特征。

优化黄晶狐

水晶吊坠

水晶吊坠

925 银链优化紫晶吊坠

四、镶　嵌

　　水晶的镶嵌工艺很普遍，无论古代还是当代都有见，同金、银、玉、珠宝等镶嵌在一起，不同的材质镶嵌使得水晶更加熠熠生辉，美不胜收，镶嵌也是水晶工艺当中分量非常重的一种，不同时代的水晶在工艺等诸多方面有相异之处，我们在鉴定时应注意分辨。

1. 新石器时代水晶

　　新石器时代水晶在工艺上还没有镶嵌工艺，我们在鉴定时应注意分辨，这应该也是一个时代上的鉴定要点，如果我们看到新石器时代水晶的镶嵌作品，那么显然是伪器。

2. 商周秦汉水晶

　　商周秦汉时期虽然有镶嵌工艺存在，但由于水晶用于镶嵌的情况很少见，故我们在这里就不再赘述了。

925 银链优化钛晶吊坠

925 银链优化钛晶吊坠

925 银链优化紫晶吊坠

3. 六朝隋唐辽金水晶

六朝隋唐辽金水晶在镶嵌工艺上基本延续传统，虽然有见，但数量很少，我们来看一则实例，六朝水晶头饰"M1：23，孔内镶水晶石"（老河口市博物馆，1998），由此可见，六朝隋唐辽金水晶在镶嵌上已经是有见，而且十分珍贵，显然与我们当代钻石很相似，镶嵌于首饰之上，鉴定时应注意分辨。隋唐辽金时期变化也不是很大，不再过多赘述。

4. 宋元明清水晶

宋元明清水晶在镶嵌上已经是蔚然成风，各种各样的水晶制品出现了镶嵌，如戒指、项链、簪、手镯等都常见，我们来看一则实例，明代嵌水晶金簪"M3：43，长1.2厘米"（南京市博物馆，1999），由此可见，这件器物是金、水晶两种材料结合在一起成器，金嵌水晶簪在明代多属首饰的范畴，而首饰具有两大特点，一是它的贵重性，二是它的实用性。二者结合在一起就构成了一件首饰，这类例子在明清时期很多。总之，镶嵌水晶似乎成为明清水晶的一大特点，不过镶嵌并不是水晶造型最终所要去追求的目标，这一点从明清传世品数量上不占优势可以清楚地看到。

5. 民国当代水晶

民国水晶制品在镶嵌上依然延续明清，相比较而言有一定的量，但主要是与同时期其他质地的珠宝材质相比较，当然无法与当代相比较，因为当代水晶制品镶嵌使用的更为普遍，传统的戒指、项链等很多镶嵌水晶，而且数量特别多，可以说数量应该是各个历史时期最多的。从结合材料上看也是这样，金、银、钻、水晶、珠宝等多种材料相互结合在一起，组成了一个个珠宝水晶的世界。从水晶品种上看，镶嵌水晶多选择彩色水晶比较多，如紫晶、黄晶、发晶等，无色水晶也有见，但数量似乎并不是很多，可能是由于其在色彩上过于普通所导致，这一点我们在鉴定时应注意分辨。

925 银链优化钛晶吊坠

银链优化钛晶吊坠

银链优化紫晶吊坠

银链优化钛晶吊坠

银链优化紫晶吊坠

优化黄晶狐

五、纹 饰

水晶在纹饰上特征相当明显，水晶光素者以造型取胜，但一旦水晶有纹饰者常以纹饰取胜，所以纹饰基本上都是雕刻得尽善尽美，从题材上看，各种灵芝福纹、"寿"字纹、福寿纹、螭龙纹、人物、山水、缠枝、弦纹、瓜棱纹、龙纹、舞狮、渔翁、叶脉纹、竹、果蔬、瑞兽、鱼纹、牛纹、虎、兰花、树木、蕉叶纹、历史故事、神化故事、博古纹豹、兔、鹿、驼、狮、狐、蝙蝠、鸭、鹅、鸟纹、鸳鸯、燕、喜鹊、鹤、蛙、龙、蜻蜓、蝴蝶、蝉、生肖、侍女、八仙、婴戏、诗文、山石、波浪、莲纹、宝相花、柿蒂纹、牡丹、忍冬、蔷薇、梅花、观音、弥勒、佛教题材、道教题材等都有见，由此可见，水晶在纹饰上之丰富。但这些纹饰显然都似曾见过，仔细分析这些纹饰的来源都是传统的纹饰，对这些纹饰进行了融合提升，使之成为较为适合的水晶题材的纹饰类型。当然这些纹饰看起来比较杂乱，这可能是由于不同时代人们对于纹饰的不同需求所致，如弦纹会衍生出一周凹弦纹、两周凹弦纹、三周凹弦纹、多周凹弦纹、环饰凹弦纹、不规则凹弦纹、凹弦纹、隐约凹弦纹等；几何纹可以衍生出同心圆纹、羽毛纹、网格纹带、波浪纹、菎纹、刻划菎、凸印纹、附加堆纹、海浪纹、齿纹、刻划纹、锯齿纹、条线锯齿纹、回纹、刻锯齿纹、一周锯齿纹等，而且不同纹饰在不同的时代里不断衍生，组成了浩大的水晶衍生造型群。下面我们具体来看一下。

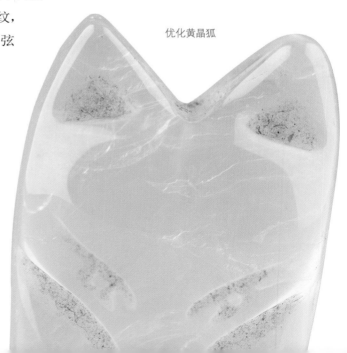

优化黄晶狐

1. 新石器时代水晶

新石器时代水晶上有纹饰的情况很少见，这与水晶的硬度比较大，难以刻划有关，通常以造型取胜，如做成吊坠等比较简单的器物造型，而不是纹饰，鉴定时应注意分辨。

2. 商周秦汉水晶

商周秦汉水晶在纹饰上有见，但多以一些简单的几何纹为主，如同心圆、弦纹、绳纹、乳丁纹、网格纹、锯齿纹、蕉叶纹、水波纹、联珠纹、兽纹等，我们来看一则实例，商代"器类有钺、斧、戈、玦、璧、环、璜、龙凤璜、镯、管、喇叭形坠饰、塔形饰、菌形饰、人、龙、鹰（腹部刻划圆圈和八角纹）等"（广东省文物考古研究所等，1998），由此可大致推断出商代水晶在纹饰上比较简单，种类也很少，而且同时期的玉器很相似，只是比玉器更为简单而已。秦汉时期水晶在纹饰上比较丰富，在延续商周的基础上不断发展，但依然是比较简单的刻划纹，构图合理、讲究对称、简洁明了；雕刻技法十分娴熟，线条流畅，但显然秦汉时代水晶依然不是以纹饰取胜。

紫晶碗（三维复原色彩图）

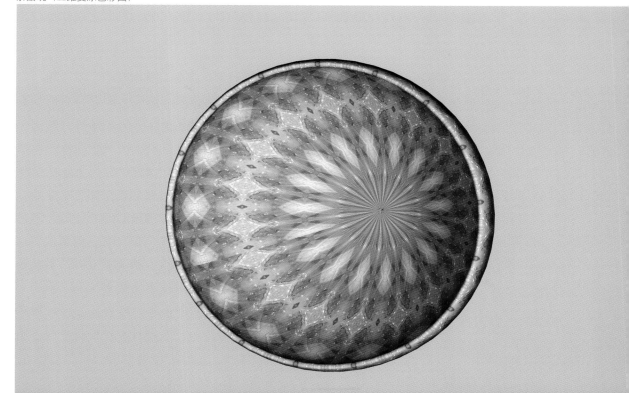

优化黄晶狐

优化黄晶狐

3. 六朝隋唐辽金水晶

六朝隋唐辽金水晶在纹饰种类上特征比较明确，弦纹、网格纹、锯齿纹、蕉叶纹、水波纹、联珠纹、兽纹等都有见，线条流畅、雕刻凝烁、图案讲究对称、构图合理，一般以简洁为主，有纹饰的水晶制品并不是很常见，看来在六朝隋唐辽金时期水晶并不是以纹饰取胜。从写实性上看，这一时期的水晶以写实为主。从装饰纹饰位置来看，不多的出土实物显示多是在显著位置。

4. 宋元明清水晶

宋元明清水晶在纹饰上逐渐丰富起来，走向了繁荣，形成了造型、工艺、纹饰并重的水晶制作工艺，我们来看一则实例，明代水晶环"M3：35，环的两头接口处雕作一鹦鹉首尾顾盼"（南京市博物馆，1999）。由此可见，宋元明清水晶在纹饰题材上不再是简单的几何纹，动物纹出现了。另外，灵芝福纹、"寿"字纹、福寿纹、螭龙纹、人物、山水、缠枝花卉等都比较常见，可以描绘了一个场面，讲究画面生动，动作连续，非常有动感，写实性比较强，构图合理、讲究对称，同时也讲究纹饰衬托造型，或者是造型衬托纹饰等，特别是明清时期的水晶制品特别重视纹饰，鉴定时注意分辨。

5. 民国当代水晶

民国当代水晶在纹饰上特征主要延续清代，由于创新不多，故不再过多赘述。当代水晶在纹饰上最为繁盛，各种各样的纹饰题材都有见，灵芝福纹、"寿"字纹、福寿纹、螭龙纹、人物、山水、缠枝、弦纹、瓜棱纹、龙纹、舞狮、渔翁、叶脉纹、竹、果蔬、瑞兽、鱼纹、牛纹、虎、兰花、树木、蕉叶纹、历史故事、神化故事、生肖、侍女、婴戏、诗文、山石、梅花、观音、弥勒等都有见，从这些纹饰题材来看，过去都有过，创新的纹饰题材虽然

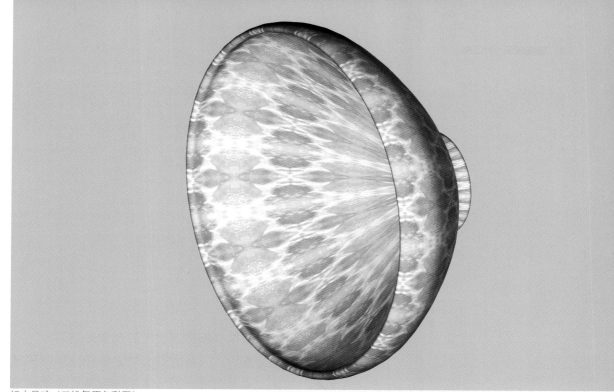

红水晶碗（三维复原色彩图）

不是很多，但当代水晶在纹饰上似乎是集大成，将以往的这些纹饰重新组合，以浮雕、浅浮雕、刻划、镂空等方式呈现于当代水晶雕件之上，具有鲜明的时代特征，全景式的立体雕件有见，如山子等大型雕件也有见。层峦叠嶂、亭台隐于山林之间，构图合理、对比强烈，且比例尺寸掌握的十分恰当。总之，在大型水晶雕件上比以往纹饰更为复杂和宏大。从出现的频率上，各种纹饰其实出现的频率都比较大，我们到市场上可以看到琳琅满目的商品，但是如果说最常见的，莫过于花卉、观音、弥勒等纹饰雕刻，因为水晶的质地非常适合于雕刻这些人物造型，几乎是通透的，看起来亦真亦幻、精美绝伦。当然，当代水晶雕刻主要是机械雕刻，至少从数量上看是这样，主要是由于机雕的出现，纹饰雕刻不再复杂，可以电脑操控，轻按键盘系统自动就可以对牌饰之类的器物进行雕刻，纹饰由于是模板，所以几乎无缺陷，避免了因手工雕刻所带来的不确定性和失败，但这也是当代水晶雕刻程式化比较严重。当然，在当代手工雕刻的作品也有见，非常的漂亮，大师们将对于当代社会的所思所想融入到雕刻之上，目前市场上以精品为主。

红水晶摆件

六、色 彩

水晶的色彩十分丰富，常见的水晶色彩有，无色、白色、红色、发晶、绿色、乳白色、黄色、茶色、紫色、粉色、墨色、橙黄色、浅茶色、淡黄色、棕色、浅蓝色等，由此可见，水晶在色彩上是相当丰富，涉及众多的色彩类别，非常的漂亮。从数量上看，各种色彩的水晶基本上都有见，但以无色最为多见，其他如茶晶、紫晶等都常见，个别发晶可能数量少一些，总的来看水晶在色彩上是比较丰富。从色彩纯正程度上看，色彩越纯正价值越高，反之渐变色彩越浓郁色彩纯正程度越低，但无论什么样的色彩，色彩纯正程度都是判断其名贵的重要标准。下面我们具体来看一下不同时代的水晶在色彩上的区别。

粉晶吊坠

优化发晶吊坠

黄晶摆件

茶晶单珠

粉晶手串

紫晶摆件

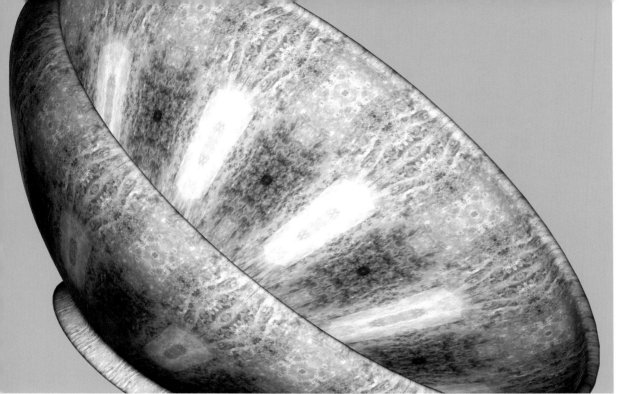

绿幽灵碗（三维复原色彩图）

黄晶摆件

黄晶摆件

绿幽灵吊坠

水晶吊坠

1. 新石器时代水晶

新石器时代水晶在色彩上比较丰富，各种各样的色彩也都有见，我们随意来看一则实例，新石器时代水晶石坠"95TZM140：3，橙黄色"（青海省文物管理处等，1998），这是由水晶的自然属性所决定的，没有过于规律性的特征，这一点我们在鉴定时应注意分辨。

2. 商周秦汉水晶

商周秦汉水晶各种色彩都有见，我们来看一则实例，商代茶色水晶石片"M8：4，茶色水晶质"（广东省文物考古研究所等，1998），可见商代已经有选择性地选择水晶的颜色，茶色水晶在商代常见，该遗址出土的石核也是这样，"均为茶色水晶质"。再来看一则实例，春秋战国水晶环"浅茶色"（沂水县博物馆，1997），可见茶色在这一时期较为流行。当然，在这一时期无色透明，包括紫晶等都比较盛行，我们随意来看一则实例，战国紫晶串饰"M1：36，长1.9厘米"（淄博市博物馆，1999），看来在商周秦汉时期水晶在色彩上有相当的选择和喜好，实例不再赘举。

3. 六朝隋唐辽金水晶

六朝隋唐辽金水晶在色彩上主要延续前代，没有太大的变化，各色水晶都有见，只是在品质上略有问题，真正色彩纯正、优质的水晶不多见。隋唐五代和辽金基本也都是这样的，过多就不再赘述。

4. 宋元明清水晶

宋元明清水晶在色彩上主要是传统的延续，各色水晶都有见，但从传世的明清水晶色彩来看，主要以无色透明的水晶为常见，无论是鼻烟壶、还是印章、山子等，都是以无色透明的晶体为主体。这显然是明清水晶在色彩上的一大变化，我们在鉴定时应注意分辨。

5. 民国当代水晶

民国水晶在色彩上基本延续了清代特征，在色彩上以无色晶体为主，其他色彩兼具，但从数量上看主要以无色为多见。当代水晶在色彩上依然秉承自明清以来的传统，以无色透明的晶体为多见，这一点不可置疑，我们当代的水晶当中无论是灯饰，还是烟灰缸等多数都是无色透明的水晶体，这就是传统影响的力量。但是当代水晶在色彩上显然业已开启多色先河，如在镶嵌上，白色、绿色、乳白色、黄色、茶色、紫色、粉色、发晶、墨色、橙黄色、浅茶色、淡黄色、红色、棕色、浅蓝色等，各色水晶的戒面都有见。在串珠上也是比较常见多色水晶，如紫晶、粉色水晶、茶晶、发晶、墨晶手链等都有见，而且数量相当庞大。由此可见，当代水晶真正是在色彩上实现了历代之最，满足着人们各种各样的需要。

优化钛晶碗（三维复原色彩图）

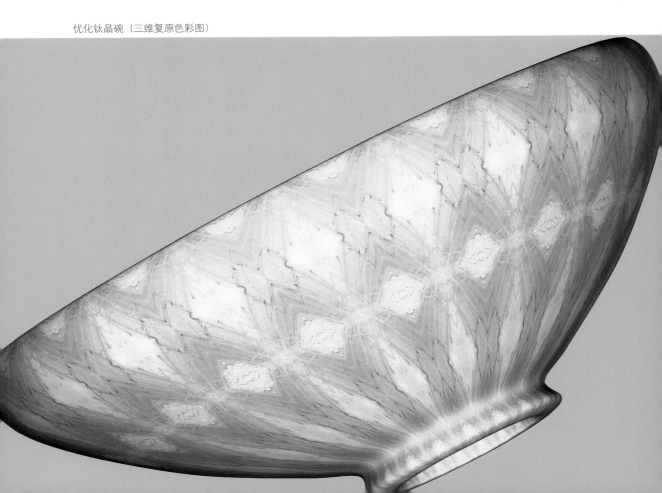

第三章　造型鉴定

粉晶手串

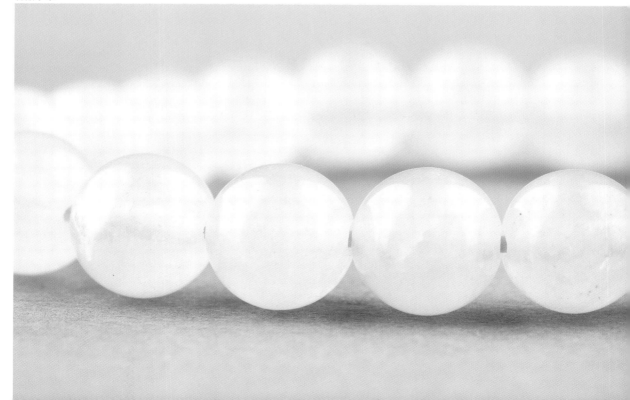

第一节　水晶造型

　　水晶常见的造型主要有串珠、
花插、盒、笔架、水洗、笔山、水晶球、
石核、印章、鼻烟壶、扳指、罗汉、瓶、佛塔、笔筒、水壶、水晶灯、镯、
送子观音、瑞兽、犀牛、盘、狮、环、杯、碗、手串、吊坠、把件、
狐狸、摆件、山子、观音、弥勒、佛像等，由此可见，水晶的造型
种类十分丰富，造型可以说对水晶鉴定起着决定性的作用。从时代
上看，水晶在中国的使用具有漫长的历史，早在新石器时代人们就

粉晶手串

粉晶吊坠

红水晶摆件

开始使用水晶，将水晶制作成装饰品，来看一则实例，新石器时代"水晶石坠　3枚"（青海省文物管理处等，1998），由此可见，在遥远的新石器时代里人们就开始佩戴水晶吊坠，那时人们将水晶制作的非常小，说明当时水晶显然是十分珍贵。商周秦汉时期、六朝隋唐辽金时期、宋元明清时期、民国当代等都在使用，由此可见，我国使用水晶之早，以及各个时代对于水晶都十分重视。但新石器时代水晶的造型多是珠子、管、坠、石核等类，随着时间的推移，器物造型不断地增加，是一个渐进的过程，如汉代水晶环、吊坠、水晶球、狮钮、杯等都有见。从时代上看也是这样，至明器时期实际上是集大成，各种各样的器物造型都出现了，如鼻烟壶、山子、笔架、项链、手链、佩饰、把件、龙、平安扣、隔珠、隔片、念珠、胸针、笔舔、炉、印章、瓶、供器、狮、虎、臂搁、佛珠、水盂、吊坠、珠子、洗、牧童、盒子、镇纸、壶、佛像、观音、文房用具、盘、烟斗、洗等都有见，每一个时代在造型上都有着出彩的造型，如汉代的水晶环比较常见，清代水晶鼻烟壶等，都是在不同时代出现频率较高的造型，非常盛行。从当代水晶上看，当代水晶在造型上由于突破了原材料的限制，当代机械开采将大量过去不能开采的优良原石开采了出来，原石在数量、质量等各个方面的指标都达到了相当高的一个高度，如此丰富的原材料铸就了当代比历史上任何一个时代都要多的水晶造型。目前市场上常见到的有水洗、笔山、水晶球、石核、印章、盘、狮、

茶晶执壶（三维复原色彩图）

环、杯、碗、鼻烟壶、扳指、罗汉、瓶、佛塔、笔筒、水壶、水晶灯、镯、送子观音、瑞兽、犀牛、手串、串珠、吊坠、把件、狐狸、摆件、山子、观音、弥勒等，这些造型主要是迎合当代消费，而且是大众市场的需要，实际上我们已经可以看到其对于这些造型加入了许多当代的元素，如在挂件当中很重要一种车挂，这在古代是不曾有的；另外就是大型水晶灯的灯饰，这都是古代造型当中数量较少的，具有浓郁的当代特色，但从具体的造型上看还是以古代的造型为依托，为传统的延续，因为几乎每一种水晶造型我们都可以找到古代造型的元素。总体而言水晶制品在当代的盛行也是近些年的事情，发展时间过短，相信随着时间的推移当代水晶的器物造型一定会越来越多。

粉晶吊坠

茶晶珠

从数量上看，水晶制品的造型在不同时代里流行程度不同，手链、串珠各个历史时期都比较流行，包括我们现代，串珠、项链、挂件等依然是很流行。但是对于大多数器物来讲，早期主要是以农具、工具类为主，而明清时期主要以鼻烟壶为主，当代主要是以手镯、随形摆件、多宝串、观音、弥勒、佛像、平安扣、隔珠、隔片等为多见。从大小上看，

水晶球

水晶在大小上的特征明确，古代以小器为主，包括新石器时代、商周直至明清都是这样，但在细节上随着时间的推移，水晶器皿在器物造型上也逐渐增大，如民国时期的山子就比较大，直至当代许多摆件，器物造型相对来讲都不算小，但大多数器物还是比较小，这一点我们在鉴定时应注意分辨。总的来看，水晶在体积上还是以小为主。从相似性上看，水晶在器物造型的相似性上特征十分明确，造型相似性比较严重，这里指的相似性主要是指各个时代水晶器物造型同其他质地，如玉器、瓷器、青铜等造型的相似性。另外，还有传统延续的问题，民国和清代又是比较相似；当然我们现在的器物和以往各个历史时期的水晶制品又有相像之处，而且相像之处还比较多，说明借鉴的力度非常大，再者当代水晶制品与其

水晶吊坠

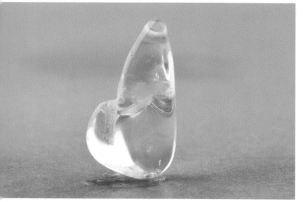

水晶吊坠

绿幽灵吊坠

他质地共同成器的情况也很常见，就是一种或者几种材质共同组成一件器物造型，如水晶手串中圆珠、筒珠、隔珠、隔片等的造型变化不大。总之，固守传统和同类型造型的借鉴是其相似性的最主要表现。从功能上看，水晶造型与功能的关系很密切，因为功能而延续，因此通常情况下，在功能不变的情况下，器物的造型很难改变，一旦人们不需要它，一种古水晶造型很容易就消失掉了。从规整上看，水晶造型在规整程度上通常比较好，多是造型隽永之器，包括一个珠子都是精打细磨，造型圆度规整，毫无缺陷。另外，也与水晶在磨上精益求精的态度有关。从写实和写意上看，水晶造型在写实性上比较强，写实的作品十分常见，特别是明清时期写意的作品比较常见，而在特别早的时期写实性的作品不是很常见，当代水晶制品基本上也是以写实为主，惟妙惟肖，鉴定时应注意分辨。

紫晶摆件

第二节   形制鉴定

一、锥 形

　　锥形的水晶有见，我们来看一则实例，商代茶色水晶石片"M8：4，锥形"（广东省文物考古研究所等，1998），由上可见，锥形的造型出现了，而且是在古老的商代，显然锥形的造型应该是源自于石质工具的造型，其实这种造型不仅是在商代，而是在各个历史时期都有见，直至我们当代都有见，只不过不同的时代里其功能不尽相同，如商代这件水晶石片，可能是工具或者是农具一类，但是当代锥形的造型则多是作为吊坠等来使用，也常见制作成较为高级的灯饰等。从数量上看，锥形的造型在各个历史时期均比较常见，是水晶当中比较适宜表现水晶通透体的一种造型，当代很多水晶锥形也是略经过打磨后放在那里作为摆件来使用，总之，在市场上时常有见。从具体的造型上看，水晶锥体显然是视觉上的概念，并不是几何意义上的，判断的标准始终是视觉，鉴定时应注意分辨。

水晶摆件　　　　　　　水晶摆件　　　　　　　黄晶摆件

黄晶摆件

黄晶摆件

二、扁圆形

扁圆形的水晶有见，这种造型实质上也是一种视觉上的概念，不是几何意义上的，判断的标准完全是视觉，我们来看一则实例，商代茶色水晶石核"M8：2，扁圆形"（广东省文物考古研究所等，1998），可见，扁圆形的造型在石核上呈现了，当然这与该实例时代比较早有关，实际上扁圆形的造型在水晶上的应用非常之广，我们再来看一则实例，战国紫晶珠"扁圆体"（淄博市博物馆，1999），可见这件战国时期的紫晶球是扁圆形，而我们知道球的造型在水晶当中最为丰富，拳头大的球体、指甲盖大的球体都有见。实质上扁圆形的造型在器物造型上表现不仅仅是石核、水晶球等，如戒指的戒面、耳坠及诸多器皿上的镶嵌部分都常见扁圆形，可见其流行的程度之广。从时代上看，实际上扁圆形的造型在新石器时代就有见，商周时期同样有见，秦汉以降，直至明清都有见，当代更是十分流行。

紫晶摆件

三、三角形

三角形的水晶有见，我们来看一则实例，明代水晶饰件"M4∶16，三角形"（南京市博物馆，1999），由上可见，三角形的造型应用在了饰件之上。从造型本身来看，三角形是最为普通的几何造型，单独作为三角形的挂件等比较少见，通常应该是主要作为组件存在，但显然水晶上的三角形并不是真正几何意义上的概念，而是视觉意义上的概念（图174），有的只是看起来有些像而已，以视觉为判断

紫晶摆件

标准。从时代上看，三角形作为一种形状，理论上应该在新石器时代或者是商周时期就有见，很简单因为有一些农具或者是工具形状会涉及三角形，而这样的造型我们也可以将其归入到三角形的范畴之内。秦汉直至明清时期三角形的造型都有见，当代三角形的水晶更是多见，只是从造型的形式上多是作为水晶器物造型的局部存在，如水晶摆件的一面等，鉴定时应注意分辨。

芙蓉石摆件

芙蓉石摆件

紫晶摆件

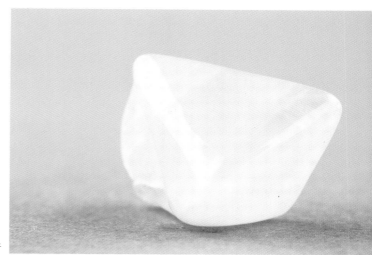

芙蓉石摆件

四、圆管形

圆管形的水晶有见，我们来看一则实例，春秋战国水晶管"M535 : 12，圆管状"（中国社会科学院考古研究所洛阳唐城队，2002），可见圆管形的造型在春秋战国时期水晶管上呈现了，这是很自然的显现，因为水晶管本身就是圆管形的本源造型。圆管形的造型本身比较容易理解，就是圆形管状的造型，这种造型非常古老，不仅仅是春秋战国时期有见，在新石器时代应该就有见，只是数量有限而已，自春秋战国之后由于礼制的崩溃，在古人眼中各种质地的玉器造型发展很快，水晶管、球等装饰品发展也很快；从时代上看，各个历史时期都有见，直至当代水晶圆管形的造型依然很兴盛，在目前市场上可以说到处都有见，当然在器物造型的应用上涉及很多器型，不仅仅就是其本源造型圆管形，如笔筒、圆筒形摆件、筒珠、烟缸等器皿之上都有可能看到圆筒形造型的身影。总之，这是水晶造型当中十分重要的形制。

五、长方体

　　长方体的水晶有见，我们来看一则实例，这样的造型很常见，这种造型与长方形不同，他是一个长方体的造型，具有立体感，而不是平面的，这种造型无论是历史上还是当代都十分常见，造型以印章为常见，实际上印章的造型就是较为纯正的长方体，只是有时边缘被打磨的有弧度而已，但由此也可见，长方体的造型是视觉意义上的概念，以视觉为判断标准，并不是尺寸意义上的。从时代上看，各个历史时期都有见，印章、烟缸等诸多造型都涉及了，特别是当代比较常见，在商店内我们可以看到数十个水晶印章都是长方体，也可以看到有的烟缸就是长方体。在造型的规整程度上通常都是比较规整，不规整的情况很少见。

黄晶摆件

黄晶摆件

六、橄榄形

橄榄形的水晶有见，我们来看一则实例，春秋战国水晶管"橄榄形"（中国社会科学院考古研究所洛阳唐城队，2002），可见，橄榄形的造型出现在水晶管之上，这一点也很正常，因为水晶管如果作为装饰品的组件，其造型必然是艺术性的，而不是像当时的下水道陶管道那样的笔直，因此出现中间大两头小的橄榄形的造型也属正常，这一点我们在鉴定时应注意分辨。从时代上看，橄榄形的水晶各个时代应该都有见，只是数量多少而已，从应用的造型上看，理论上应该是比较多，但由于水晶本身是一种稀少的材质，加之硬度比较大，难以琢磨和雕刻，因此真正的出土实例很难找到。当代水晶器物上橄榄形的造型基本上也是这样，比较少见，我们在鉴定时应注意分辨。

黄晶摆件

黄晶摆件

黄晶摆件

紫晶摆件

七、楔　形

楔形的水晶有见，我们来看一则实例，商代茶色水晶石核"M8：1，楔形"（广东省文物考古研究所等，1998），由上可见，楔形的造型在石核上呈现了，而且时代比较古老，其实这种造型不仅是在商代，各个时代，包括我们当代都是比较流行。但楔形的造型很少直接成器，而只是作为一种几何造型在各种器物当中得到体现，特别是当代水晶，很多器物的设计都可以体现出这一点。但从概念上看，楔形造型并不是几何意义上的概念，而只是一种笼统的视觉概念，判断的标准依然是视觉。

水晶摆件

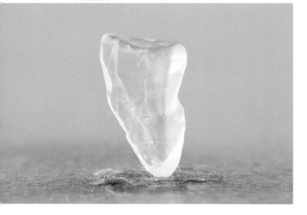

紫晶摆件

八、柱　形

圆柱形的造型在水晶中常见，我们来看一则实例，战国紫晶串饰"柱状"（淄博市博物馆，1999），可见柱形在串饰上出现了，而且是在较为古老的战国时期，其实这种造型不仅是在战国时期，汉唐已降，包括我们当代都是比较流行。圆柱体是立方体的水平旋转，这种造型在水晶之上经常被应用到各种造型之上，与其单独成形最接近的是筒珠，筒珠的造型比较丰富，无论是中国古代都常见，可以作为挂件单独存在，也可以作为组件，制作成手串等。从具体造型上看，筒珠的造型实际上并不是几何意义上的概念，而只是视觉上的概念，以视觉为判断标准，我们来看一则实例，东汉水晶饰"M27∶25，近圆柱形"（广西壮族自治区文物工作队，2002），由上可见，近圆柱体的造型实际上只是在造型规整程度上的问题，这样的造型显然属于圆柱形造型的范畴，就像是有些筒珠的圆柱体基本上都比较规整，但顶面和底面的边缘往往有弧度，这与几何形状的圆柱体显然是有区别。从时代上看，圆柱形的造型在商周秦汉时代有见，在汉代其实就已经形成流行的趋势，而在六朝隋唐辽金时期圆柱形更是经常有见，宋元明清时期圆柱形造型增加许多，可以说是经常看到，直至当代，圆柱形的造型数量都比较多，基本上延续传统，以串珠为多见。从具体的造型上看，水晶造型规整，圆度规整，具有相当的视觉震撼力；另外还有一种方柱形的造型，这种造型也多是象征意义上的，我们来看一则实例，汉代水晶组合串饰"第四组 M6a∶77……，蓝、白色水晶 10 件，有菱形、扁圆形及不规则方柱形"（广西壮族自治区文物工作队等，2003），可见是不规则方柱形，这进一步说明柱形的造型本身是多元化的，这一点我们在鉴定时应注意分辨。

九、纽扣形

纽扣形的水晶有见，我们来看一则实例，汉代水晶组合串饰"另 2 件为纽扣形"（广西壮族自治区文物工作队等，2003），由上可见，纽扣形的造型在汉代水晶组合串饰上呈现了，这种较薄的如纽扣般的形状非常吸引人们眼球，所以在古代经常使用，但过小和薄的造型又很少能够独立成器，一般情况下都是作为造型上的局部存在，各个时代都有见。从数量上看，各个时代基本相当，没有过于复杂性的特征，如果从总量上看，我们当代的数量可能多一些。从具体的造型上看，视觉意义上的概念，以视觉为判断标准。

优化绿幽灵吊坠

绿幽灵吊坠

十、椭圆形

椭圆形的水晶有见，从造型本身来看，椭圆形是一种几何造型，并且是人们熟知的几何形造型，这种造型弧度圆润，圆度规整，受到人们的青睐，在水晶上有诸多的应用，我们来看一则实例，战国水晶珠"椭圆形"（淄博市博物馆，1999），可见，椭圆形的造型在水晶球上呈现了，而且是在较为古老的战国时期，其实这种造型不仅是在战国时期，更早的时期和更晚的时期，包括我们当代都是比较流行，在传统的印象当中水晶球的造型多是圆形的，但实际上椭圆形的水晶球在不同的时代里也是经常有见。但是从具体的造型来看，所谓的椭圆形水晶制品或者是水晶上的椭圆形组件，有的并不一定是标准的椭圆形造型，而是视觉意义上的概念，以视觉为判断标准，有的只是略有相像。在器物造型的应用上不仅仅是水晶球的造型有见椭圆形，如戒面、串珠、耳钉、瓶、盘、洗、炉等几乎所有的器皿之上都有应用，有的是直接打磨成为椭圆形的造型，如镶嵌的戒面、串珠等，而有的如瓶、洗等有的只是腹部等局部运用椭圆形的造型，鉴定时应注意分辨。

优化水晶景石吊坠

十一、六角圆形

六角圆形的水晶有见，我们来看一则
实例，西汉水晶珠六角圆形（广州市文物
考古研究所，2003），由上可见，六角圆
形的造型在水晶上出现了，而且还是水晶球，
可见当时人们对于水晶的钟爱，花费了很大的
力气来打磨水晶，我们知道水晶的硬度非常高，将
珠子打磨成六角圆形相当不易，实际上有点类似于我们

优化水晶石吊坠

现当代对于宝石的打磨方式，用半机械化的砣轮，加上手工一点一滴的磨
出六角圆形。从造型上看，六角圆形的水晶在打磨上还是比较规整，在造
型上类似当时的六角轴承，从发掘出土的器物当中我们可以看到汉代铁器
已经是十分发达，而六角轴承显然是这一高超技术的象征，这类器皿也是
多次出现在墓葬当中，实际上仅仅是六角轴承并没有实际作用，而主要是
用于展示，但这类造型与我们当代几何意义上的概念还是有区别，并不能
完全达到几何意义上的标准，而只是一种视觉意义上的概念。从时代上看，
六角圆形的造型由于工艺较为复杂，在古代并不是很常见，主要在东汉六
朝时期比较常见，我们来看一则实例，东汉水晶珠"六角形"（广西壮族
自治区文物工作队，2002），其他历史时期比较少见，我们当代此类造型
有一定程度的增加，因为就手工打磨的难度而言显然已经荡然无存了，在
当代基本都是机器打磨，而机器打磨不论是六角形还是其他的形状，实际
上难度基本是一样，但是此类造型在实践中依然是比较少见，有见一些较
为标准的晶体摆件类、少量的串珠，较为大量的情况是一些灯饰是这种形状，
但是多数是作为灯饰的组件存在，独立成为灯饰的情况也比较少见。

优化粉晶吊坠

优化彩幽灵吊坠

黄晶摆件

十二、长方形

长方形的水晶有见，我们来看一则实例，西汉水晶珠"长方形"（广州市文物考古研究所，2003），由上可见，长方形的造型在西汉水晶球上出现了，这的确是一种打破我们当代人思维方式的造型，因为水晶球在我们当代人的感觉里就是球体的，而不是长方形，但是在古人的概念里从这个实例来看应该还有更多的造型，这种造型多流行于商周秦汉时期，之后很少见到，如明清时期就很少见到，我们当代更是很少见这种水晶球。但是长方形的造型在水晶上的应用，显然并不是以水晶球为主，而是以印章、烟缸、笔筒、洗、盘、扣饰、管饰、牌饰、挂件等为常见，总之应用的特别广泛。从时代上看，新石器时代就有见长方形在各种水晶制品上的应用，商周直至明清都是这样，在我们当代水晶上的应用更是广泛。

紫晶摆件

紫晶摆件

紫晶摆件　　　　　　　　　紫晶摆件　　　　　　　　　紫晶摆件

十三、片　状

　　片状的水晶有见，片状顾名思义就是薄片的形状，这种形状其实也是视觉意义上的概念，并没有一个统一的标准，究竟薄到什么程度可以称之为片状，主要是以我们的视觉来判断，我们来看一则实例，汉代水晶组合串饰"仅有1件为片状"（广西壮族自治区文物工作队等，2003），可见片状的造型在古代就有应用，这是一件水晶组合串饰，可见这时片状在这里不是独立存在，而是组合成器。从时代上看，早在新石器时代片状的水晶就有见，不过这一时期片状水晶大多是在自然成型的基础上再略进行加工而已，以工具和农具为主，商周秦汉时期正如上例由于水晶材质珍贵，所以作为饰品的组件的情况多见，随着时代的发展片状的水晶是经常有见，应用十分广泛，我们当代有很多这样的产品，有的牌子很透，加之又很薄，其实本质上就是片状的造型，再者如花口洗等的壁特别薄，应该也是运用古代片状造型而设计，等等，总之片状造型在中国特别的流行，鉴定时应注意分辨。

水晶摆件

十四、柿蒂形

柿蒂形的水晶有见，我们来看一则实例，六朝水晶头饰"M1∶23，柿蒂形"（老河口市博物馆，1998），可见，柿蒂形的造型呈现了，而且是较为古老，其实这种造型不仅是在古代，包括我们当代都是比较流行，鉴定时应注意分辨。

十五、扁壶形

扁壶形的水晶有见，我们来看一则实例，汉代水晶组合串饰"扁壶形"（广西壮族自治区文物工作队等，2003），由上可见，扁壶形的造型是在组合串饰上出现，这一点并不奇怪，因为早期串珠在造型上所追求的就是造型多变，出奇制胜，这和我们当代串珠以圆球形为主的视觉概念是不一样的，如新石器时代就有见方形管、扁管、不规则的球体等，随着时代的发展，在西周时期各种不同形状管饰以及串饰组合都出现了，有的串饰还会将如玉蚕等小件的器物打上孔穿系于其中，非常的美妙，而这在我们现在也许是不能理解的，在汉代六棱体的球体、薄片状的串珠组合等都出现了，所以扁壶形的造型在串珠上出现再正常不过了。但这种造型由于在制作上有一定的难度，造型的美观程度也一般并没有特别的成为风尚，这一趋势直至今天都是这样，我们当代有见这样的造型，但多不是在串珠上，而是在如鼻烟壶等其他的器皿之上。

粉晶手串

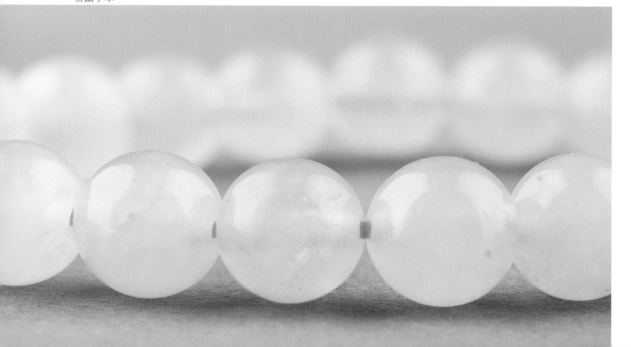

茶晶单珠　　　　　　　　　　　　　　　　　　茶晶单珠

十六、圆　形

圆形的水晶有见，我们来看一则实例，六朝水晶串饰"M6：26，圆形"（南京市博物馆，1998），由上可见，圆形的造型在水晶球上呈现了，这则实例并不是一个特殊的例子，像这样的实例千千万万，因为大多数串珠在造型上都是圆形，从新石器时代直至当代都是这样的，可见圆形在数量上之最，应该是处于各种造型在水晶上应用之首位。从具体的造型来看，圆形显然是一种几何造型，但古代的圆形水晶，如水晶珠等往往不能够达到几何意义上的正圆，多是视觉意义上的，就是以视觉为判断标准，这是由于手工制作的原因，因为手工制作想要打磨硬度如此之大的材质，很难能像机械打磨那样达到完美，但是我们可以看到历代水晶制品都是力图向标准靠近，大多数都是制作了硕大的水晶球，以显示高超的技艺水平，这一趋势从新石器时代直至明清。不过在这一点上集大成者显然是我们当代，当代水晶球无论在数量还是在圆度上都达到了历史之最，在当代我们到水晶店里看基本都是可以看到大大小小的水晶球体，但主要是以机械制作为主，大多数都可以达到相当标准的圆形，可见水晶球之盛。但圆形的造型是一个比较广阔的概念，它的应用并不仅仅表现在水晶球体之上，而是在诸多器物之上都有广泛应用，如戒指的戒面、耳钉等的镶嵌，到各种饰品、灯饰的组件等，无所不有，由此可见，圆形是水晶造型当中的基本造型之一，鉴定时应注意分辨。

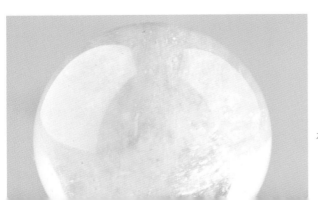

水晶球

茶晶珠

水晶球

水晶球

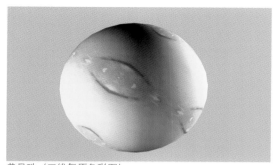
黄晶珠（三维复原色彩图）

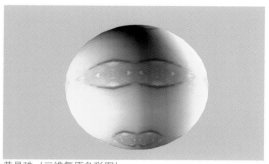
黄晶珠（三维复原色彩图）

十七、长条形

长条形的水晶有见，我们来看一则实例，汉代水晶组合串饰，M5：67"六角长条形"（广西壮族自治区文物工作队等，2003），可见长条形的造型是在组合串饰上出现了，实际上这种长条形的造型在水晶制品中应用比较广泛，较为典型的一些极细的长条形水晶灯饰，还有常见的如镇纸、水晶尺子、牌等都有见。从造型上看多数比较规整，因为这样的造型也比较容易制作，切割成器就可以了，只是如镇纸等有些器皿在周边切割棱会打磨平整，这实际上并不会破坏其长条形的造型，只是不是几何意义上的长条形了；另外，有很多牌饰也是这样，这一点我们在鉴定时注意分辨。从时代上看，长条形的造型是水晶制品的主流造型，从新石器时代直至当代都有见，从比例上看各个时代里长条形的造型比较常见，但从总量上看，显然是以当代为显著特征。

紫晶摆件

紫晶摆件

紫晶摆件

黄晶摆件

十八、算珠形

算珠形的水晶最为常见，我们来看一则实例，汉代水晶组合串饰"1件为算珠形"（广西壮族自治区文物工作队等，2003），可见，算珠形的造型在水晶串饰上呈现了，实际上这种算盘珠形的造型的出现远比算盘早，在商周时期就非常流行，如在河南三门峡西周大型邦国墓地虢国墓地当中就经常见到，一些大型的组合串饰之上的珠子造型多数都是算珠形，可见算珠形的造型十分古老，其实这种造型不仅是在西周时期有见，各个历史时期都有见，只是流行程度不同而已，相对来商周秦汉时代较为流行。我们再来看一则实例，汉代水晶组合串饰"另1件为算珠形"（广西壮族自治区文物工作队等，2003），由此可见，汉代很多串饰之上都有见算珠形的水晶造型。另外，当代算珠形的水晶造型也常见，主要是作为隔珠或者是串珠来使用，其他的器物造型也有见，不过数量没有珠子多。从造型本身来看，算珠形的造型实际上也是视觉概念上的，以视觉为判断标准，总的来看只是一个名称而已。

十九、半球形

半球形的水晶有见，我们来看一则实例，明代水晶珠"M3：36，体呈半球形"（南京市博物馆，1999），可见，半球形的造型在水晶球体上呈现了，从造型本身来看，半球形的造型比较直观，基本上符合几何意义上的造型，只是在规整程度上在古代有时略有问题，在当代机器制作当中这个问题已经不成为问题了，大多数造型规整。当然半球的造型在水晶上的应用比较广泛，如戒指上的镶嵌很多都是将水晶打磨成半球形，各种饰品上都有见。从时代上看，各个时代都有见，在比例上较为均衡，从绝对数量上看，显然是以当代为最多见，这一点我们在鉴定时应注意分辨。

茶晶珠

水晶球

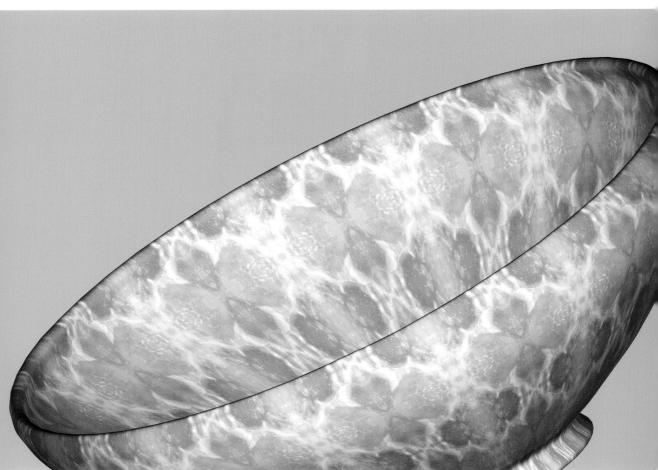

红水晶碗（三维复原色彩图）

粉晶吊坠

水晶球

二十、瑞兽形

瑞兽形的水晶制品常见，这类瑞兽有的十分写实，我们可以直接看到是狮子、麒麟等，但是有的比较写意，不能够直接看出来。从时代上看，瑞兽形的水晶造型无论是在古代还是当代都十分常见，商周时期并不多见，秦汉时期就已经十分常见，以印玺上的钮为常见，也有单独成器的情况，瑞兽有的憨态可掬，有的造型威猛，六朝唐宋元明时期都有见，清代民国时期也是比较流行，当代水晶器皿之上所见也是甚多，一些印章之上常见有瑞兽的身影，以写实为显著特征，以狮子、羊、马等为最常见；另外在吊坠上也是经常有见，大型摆件偶有见。从造型的来源上看，很多是借鉴同时期青铜器、玉器等器皿之上的造型，在鉴定时我们应注意与其进行对比，多数造型弧度圆润，造型规整，精美绝伦，在做工上态度认真。

二十一、环　形

环形的造型在水晶当中也是十分常见（图 221），水晶环、水晶璧、平安扣、水晶镯子、指环、戒指、耳环等，都是大家耳熟能详的造型，环形造型从新石器时代就有见，商周秦汉时期比较流行，特别是汉代墓葬当中出土的水晶环的情况很常见，直至明清时期都有见，但是明清时期似乎环的造型退居其次，被镯子的造型所取代，实际上环和镯子的造型基本都相似，二者并没有本质的区别。当代水晶制品中的环形造型更为丰富，水晶戒指、耳环、平安扣、镯子等数量很多，造型也多变，但基本环的造型保持不变。从数量上看，当代环形的水晶造型达到了相当高的总量，是古代纯手工制作的量所不能比拟的，当代对于环的造型多是使用机械取环，工艺都是相当精湛，环形正圆，圆度规整，几无缺陷，基本符合几何意义上概念，在鉴定时我们要注意水晶环形古代和现代的细微区别，区别的是工艺，总之环形的造型在水晶上影响极大，涉及多种器物造型。

二十二、观音形

观音形的水晶造型常见，隋唐五代、宋元时期，特别是明清民国当代都是非常的流行，这主要是受到当时佛教的影响，而在当代其实很多不信佛的人也在佩戴，他们欣赏的是水晶观音的艺术之美，而且相当流行，在商店当中我们可以看到许多这样的佛像，有独立雕刻的，也有吊坠，在数量上以吊坠最为常见，实际上就是观音雕刻的缩小版，整个吊坠就是一个观音的形象，比较薄，也很轻，人们喜欢佩戴，特别是男士喜欢佩戴。从质地上看，观音多选用的是白色水晶，冰清玉洁，通透性好，刚好契合佛教的题材，一般用料都比较好，杂质、绺裂、缺损都很少见，总之在选料上是精益求精。从细节上看，观音无论雕件还是挂件在雕琢上多细腻，琢出了一个神态自若，有血有肉的观音形象，十分注重对于水晶观音的各个部位特征的表述，如头上戴的是花蔓宝冠，上身穿的是对襟衣衫，衣袖十分宽大，腰间系着长带等，加之具有写实性的眉、目、鼻、口、耳，以及身体各个部位一应俱全，这种手法实际上是缩小差距的一种方式，凡是人有的观音也有，于是观音就人性化了，一下子就拉近了人们与观音之间的距离，使人们感觉观音很有亲近感，不是眼神冰冷与现实生活无关的观音；当然观音具体的形象不同时代有着差别，这种差别很具体，细节我们应注意对比各个历史时期其他质地上的观音，鉴定时应注意分辨。

紫晶镯（三维复原色彩图）

水晶摆件

水晶摆件

二十三、长　度

　　水晶在长度特征上比较明确，早期无大器，这与水晶的硬度比较大、开采和雕刻的难度都比较大有关，但随着人们技术能力的提高，水晶器皿在造型上也是逐渐增大，这一趋势从新石器时代直至我们当代，当然当代水晶在造型上也最大，出现了一些较为大型的水晶雕件，各个时代的情况具体来看一下。

黄晶碗（三维复原色彩图）

紫晶摆件

紫晶摆件

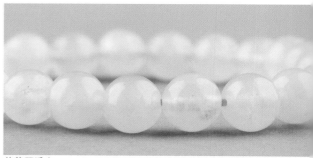

芙蓉石手串

黄晶摆件

黄晶摆件

1. 新石器时代水晶

　　新石器时代水晶在长度上特征明确，我们来看一则实例，新石器时代水晶小石片"T1101 ②：2，长 1.5 厘米"（中国社会科学院考古研究所甘青工作队等，2001），由此可见，这件新石器时代水晶制品的长度比较小，只有长 1.5 厘米，是一个小石片，但是显然在墓葬当中出土，再结合当时水晶是稀有的材质来看，这绝不是偶然的碎片滑落，而是一种装饰品，但由其长度，我们可以看到水晶在新石器时代如同我们当代最珍贵的珠宝一样，十分珍贵。新石器时代水晶在长度上的特征不是一个孤例，而是有很多这样的例子，我们再来看一则实例，新石器时代水晶石坠"95TZM140：3，长 2.3 厘米"（青海省文物管理处等，1998），由此可见，在新石器时代水晶饰品的长度的确是比较小，以小器最为多见。

2. 商周秦汉水晶

商周时期的水晶已经十分普遍，在长度特征主要是延续新石器时代，我们来看一则实例，商代茶色水晶石核"M8：1，长2.4厘米"（广东省文物考古研究所等，1998），看来商代水晶在长度特征上与新石器时代很接近，比这小长度特征也有见，由此也可见传统的力量对于商代水晶在大小上依然影响很重，但是我们可以看到在商代也有长度特征比较大水晶作品，我们来看一则实例，商代茶色水晶石核"M8：2，长8厘米"（广东省文物考古研究所等，1998），其实这样已经算是商代比较大水晶造型了，显然是有进步，只是这种进步依然笼罩在新石器时代水晶器皿以小为主的阴影之中，这一点我们在鉴定时应注意分辨。这一趋势发展了很久，包括西周时期、春秋战国时期水晶在长度特征上都没有突破小器为主的局面，我们随意来看一则实例，春秋战国水晶管"长1.3厘米"（中国社会科学院考古研究所洛阳唐城队，2002），可见长度特征之小；再看一则实例，战国紫晶串饰"M1：35，长1厘米"（淄博市博物馆，1999），由此可见，战国时期在水晶的长度上并没有太大突破，当然这显然与水晶材质本身硬度过大有关，再加之开采的难度也比较大，而且优质的水晶料也少等，诸多因素造成了其长度特征过小的现状。汉代水晶在大小上有所增加，虽然还是以小器为主，但是基本上趋于正常的尺寸大小，如汉代出现了一些手镯等，也有见水晶组合串饰"横长1厘米"（广西壮族自治区文物工作队等，2003），这说明汉代在水晶的原料上已经不是那样的匮乏，可能与汉代开采能力的提高有关，当然普通的水晶制品在大小上依然是比较小的，如东汉水晶饰"M27：25，长4厘米"（广西壮族自治区文物工作队，2002），这一点我们在鉴定时应注意分辨。

3. 六朝隋唐辽金水晶

六朝隋唐辽金水晶在长度特征基本上延续前代，但比前代略有进步，我们来看一则实例，六朝水晶串饰"M6：21～25，长1.1～2.5厘米"（南京市博物馆，1998），由此可见，六朝隋唐辽金水晶在长度上基本与汉代相当，只是略大一点点。但我们知道孤例是不能说明问题的，我们再来看一则实例，六朝水晶串饰"M6：27，长2厘米"（南京市博物馆，1998）。可见这件同是一个墓地出土的水晶串饰的珠子长度是达2厘米，这样的长度特征对于珠子来讲并不是算小，与我们当代基本相当，因此可以这样讲六朝时期水晶器皿长度适中。隋唐五代、辽金时期实际上水晶的大小并没有太大的改变，特别是在长度特征上主要是传统的延续。

芙蓉石摆件

红水晶摆件

4. 宋元明清水晶

　　宋元明清水晶在长度特征上特征明确，我们先来看一则实例，明代水晶饰件"M4：16，边长 1.8 厘米"（南京市博物馆，1999）。由此可见，这件明代水晶饰件的长度与前代相比并不大，甚至还减小了，因此可见在长度特征上依然还是传统的延续，而且这种现象具有一定的普遍性，我们再来看一则实例，明代嵌水晶金簪"M3：43，长 1.2 厘米"（南京市博物馆，1999）。这样的一个长度显然说明水晶的长度是非常之小，由此可见，宋元明清时期水晶在长度特征上依然是延续传统，多在 1 ～ 10 厘米之间，大器也有见，但是数量很少，以小器取胜。

紫晶碗（三维复原色彩图）

5. 民国当代水晶

民国时期水晶在长度特征上基本上还是延续明清时期，在长度特征上数值变化不大，就不再过多赘述。当代水晶真正在长度特征上达到了相当的高度，可以说是长短不一，但从总体上看比任何一个时代长度特征数值都大，首先是大器增多，如笔架的长度多在十几厘米，洗的长度一般在20厘米左右，摆件的长度就更大了，几十上百厘米的摆件很普遍，商店里可以说是琳琅满目，总的来看当代由于开采能力增强，大规模的机械化开采，很多大料被开采出来，所以有时几米长的大型摆件也是有见，这改变了水晶几千年来原材料匮乏的局面，使得人们终于可以随心所欲地设计造型，而不必拘泥于过小的器物了。特别是当代水晶制品在长度数值很多达到历史之最，如山子和摆件通常都是比较大。同时又是大小兼备，各种各样的长度数值都有，1米左右的单珠，几厘米长的戒面，也有几十、甚至上百厘米长的挂件、项链等，由此可见，这样的长度特征可能是以往任何一个时代都不能比拟的。

芙蓉石摆件

黄晶摆件

红水晶摆件

芙蓉石摆件

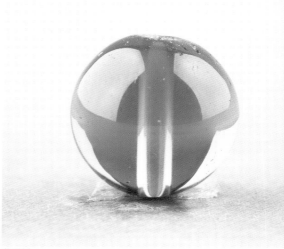

茶晶珠

二十四、宽　度

水晶在宽度特征上比较明确，我们来看一则实例，商代茶色水晶石核"M8：2，宽6厘米"（广东省文物考古研究所等，1998）。由此可见，这件水晶的宽度只有6厘米，数值并不是很大，相对于石核的的造型来讲应该是偏小的。水晶制品在我国的发展历史很长，不同时代的水晶特点不同，下面我们来具体看一下：

绿幽灵执壶（三维复原色彩图）

黄晶执壶（三维复原色彩图）

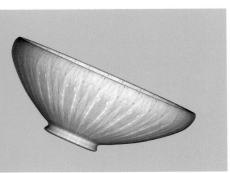

优化发晶碗（三维复原色彩图）

1. 新石器时代水晶

新石器时代水晶在宽度特征上很明确，我们来看一则实例，在新石器时代水晶小石片"T1101②：2，宽1厘米"（中国社会科学院考古研究所甘青工作队等，2001），由此可见，这件小水晶片的大小只有1厘米宽的宽度，这样的数值应该说是很小，不过由此我们可以窥视到新石器时代水晶的确是材质很难得，十分珍贵。关于新石器时代水晶的宽度，我们再来看一则实例，新石器时代水晶石坠"95TZM140：3，宽1.2厘米"（青海省文物管理处等，1998），由此可见，新石器时代水晶在宽度特征上是以小数值为主，以小器为多见，当然大器也有见，不过数量应该很少，鉴定时应注意分辨。

2. 商周秦汉水晶

商周秦汉水晶在宽度特征上也是比较明确，我们来看一组实例，商代茶色水晶石核"M8：1，宽1.9厘米"、商代茶色水晶石片"M8：4，宽0.7厘米"（广东省文物考古研究所等，1998），由此可见，商代水晶在宽度特征上数值与周代基本相当，与我们当代几乎无法相比，但较之商代还是有增加的趋势，只是增加的数值显然不是很多。秦汉时期的水晶在宽度特征上数值显然是增大了很多，我们来看一则实例，汉代水晶组合串饰"最宽1.3厘米"（广西壮族自治区文物工作队等，2003），由这件器物来看说明单珠的宽度可以达到1.3厘米，对于珠子来讲这样的宽度特征显然已经是不小了，当然，总的来看秦汉时期水晶基本上还是延续前代，既无大器。

粉晶吊坠

粉晶吊坠

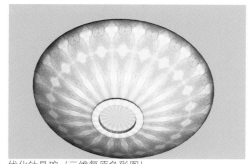

优化钛晶碗（三维复原色彩图）

3. 六朝隋唐辽金水晶

六朝隋唐辽金水晶在宽度特征上主要是延续前代，如果纯粹从数值上看，呈现出增长的趋势，只是这种增长在数值上比较小，从宏观上看，基本上可以忽略不计，显然六朝隋唐辽金水晶也是以小器为主，这一点其实也很正常，因为水晶的开采量其实没有太大的改变，从而决定了其器物造型的大小。

4. 宋元明清水晶

宋元明清水晶在宽度特征上比较明确，基本上是延续传统，但在宽度特征上有一定程度的增加，这一点很明确，从大量传世下来的清代水晶器皿上看，如当时的鼻烟壶宽度大约能够达到 5～8 厘米，一些山子宽度多在 10～20 厘米，狮子摆件等可以达到 10 厘米，印章 3～5 厘米，当然再大的和再小的都有见，以上不过是随意举一些例子而已，但是由此可见，这一时期水晶的宽度特征基本上还是想要以大为主，但实际上由于原料的限制，还是比较小，但比起历史上的水晶制品，在造型上的确是有一些增加，这种辩证关系我们在鉴定时应注意分辨。

5. 民国当代水晶

民国水晶在宽度上基本上延续了明清时期，具体与清代相似，创新不大，就不再过多赘述。当代水晶在宽度特征上可以说是大小不一，但总的特征又是比较明确，其显著特点就是当代水晶在宽度特征上达到历史之最，普遍器物在宽度特征上增加了，没有像过去那种很小数值的宽度特征，如吊坠的宽度通常在 5～6 厘米，鼻烟壶 5～6 厘米，摆件多在 20～30 厘米，当然 7～8 厘米的小摆件也有见，水晶球的宽度多在 7～9 厘米，更大水晶球体也有见，由此可见，当代水晶在宽度特征上在延续传统的同时，的确是增加了，当然单独对比一件器物可能看不到这种变化，但是如果我们从整体上来看，显然这种变化还是非常明显的。

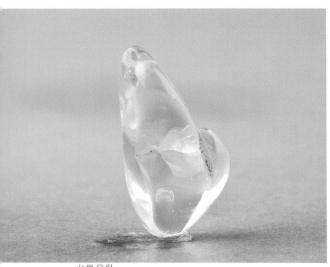

水晶吊坠

芙蓉石摆件

水晶球

水晶吊坠

水晶吊坠　　　　　　　　　　　　　　　　　　优化彩幽灵吊坠

二十五、高度特征

　　水晶在高度特征上比较明确,我们来看一则实例,汉代水晶组合串饰"高1 厘米"(广西壮族自治区文物工作队等,2003),由此可见,这件水晶制品的高度只有 1 厘米,但这是一件组合串饰,这个高度数值说的是其单珠的高度数值,而并不是整个器物的数值,但是从珠子为 1 厘米来看,应该也不大,而这一实例恰好也反应出了整个中国古代水晶在高度特征上并不突出,只是够实用而已,这与古代水晶原料的奇缺程度有关,加之水晶硬度又是比较大,所以造成了古代水晶基本上无大器的情况,有的时候是大器的造型,但是在尺寸上明显是按照大器最小的特征来制作的。下面我们具体来看一下。

红水晶执壶(三维复原色彩图)

1. 新石器时代水晶

新石器时代水晶在高度特征上主要有两种情况，一是数值很大，主要是工具类。二是高度很矮，一般是工艺品类，以 1 ～ 2 厘米为多见，可见水晶在新石器时代已经有了装饰的功能，只是在高度特征上与我们当代相距甚远，这主要与水晶的硬度比较大有关。

2. 商周秦汉水晶

商周秦汉水晶在高度特征上也是比较明确，我们再来看这一时期的实例，汉代水晶组合串饰"宽 1.2 厘米"（广西壮族自治区文物工作队等，2003）。由此可见，这件汉代水晶珠的高度特征依然不是很大，只是适中而已，其实从这一时期发现的水晶环等制品来看，高度也只是在 5 ～ 6 厘米，仅仅是够得上女性使用，由此可见，汉代水晶与前代相比在高度特征上是一个递进的过程，但总的来看水晶高度不高，大多数在 1 ～ 2 厘米的高度，器物造型主要还是以小器为主，这一点我们在鉴定时应注意分辨。

黄晶摆件

无时代特征黄晶摆件

紫晶摆件

3. 六朝隋唐辽金水晶

六朝隋唐辽金水晶在高度特征上由于时代延续比较长，有一些差距，但总的来讲变化不大，主要还是传统的延续，鉴定时注意分辨。

4. 宋元明清水晶

宋元明清水晶在高度特征上特征明确，在前代的基础之上有一些发展，但总体来看造型并不是很大，如水晶饰件高4～5厘米，佛像的高度在10厘米以上者为多见，有的狮子钮玺印的高度在10厘米左右，鼻烟壶6～9厘米，大的摆件如梅瓶等有的可以到20～30厘米，山子在20厘米左右等，由于清代传世品比较多，这些数值我们都可以看得很清楚，由此可见，明清时期，特别是清代水晶在高度特征上的确是增加了不少，起码可以满足实用的需要，可见在前代的基础上是巨大的进步，但显然无法与我们当代的水晶高度特征相比，鉴定时我们注意到就可以了。

5. 民国当代水晶

民国当代的水晶在高度特征上也是比较明确，主要是延续清代的特征，过大和过小的器皿都比较少见。当代水晶在高度特征上异常复杂，各种各样的高度特征都有见，如水晶塔的高度从13～19厘米，甚至更高的高度者都有见，观音摆件的高度以16～20厘米为多见，吊坠观音当然数值就很小了，几厘米为多见。总之，当代水晶在高度特征上大有随心所欲的特征，特别大摆在地上的雕件也有见，高度是以米为单位，整体来看其造型在高度特征上是增加了，但这种增加显然不能以某一件当代的与古代器皿来作为对比，而必须是宏观上的，这种情况主要与当代机械化的开采，大量的水晶原石被开采出来有关，人们有了随意创作水晶作品的条件。

黄晶摆件

二十六、厚　度

水晶在厚度特征上比较明确，我们来看一则实例，商代茶色水晶石核"M8：1，厚1.7厘米"（广东省文物考古研究所等，1998）。由此可见，这件水晶的厚度达到1.7厘米，作为石核来讲已经是薄极了。厚度对于水晶而言十分重要，它可以知道历史时期之内水晶厚度数值的参数，给鉴定提供一个概率，下面我们具体来看一下。

1. 新石器时代水晶

新石器时代水晶在厚度特征上比较明确，我们先来看一则实例，新石器时代水晶小石片"T1101 ②：2，厚0.2厘米"（中国社会科学院考古研

紫晶碗（三维复原色彩图）

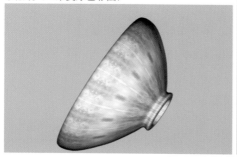

红水晶碗（三维复原色彩图）

黄晶摆件

绿幽灵吊坠

究所甘青工作队等，2001），可见这件水晶器皿的厚度薄极了，薄如纸张，如果不是超强的硬度特征作为支撑，这样薄的片状显然是不能独立存在的。不过由此也可以折射出水晶在新石器时代里的珍稀性。当然新石器时代也有略厚的器皿，我们来看一则实例，新石器时代水晶石坠"95TZM140：3，厚 0.6 厘米"（青海省文物管理处等，1998），由此可见，这件水晶坠的厚度特征适中，刚好能够支撑起其器物造型，不过从坠的造型来看，不到 1 厘米的厚度的确不算厚。由此可见，新石器时代水晶在厚度特征上基本是以薄为显著特征，鉴定时应注意分辨。

2. 商周秦汉水晶

　　商周秦汉水晶在厚度特征上也是比较明确，就是比较薄，但与新石器时代相比显然是在逐渐加厚，我们来看一则实例，商代茶色水晶石核"M8：2，厚 3.3 厘米"（广东省文物考古研究所等，1998），可见厚度的确是增加了不少，不过我们也要看到上例中的器物造型上石核，这个厚度对于石核来讲本身其实并不算厚，因此商代水晶从厚度上看依然不是很厚。春秋战国时期水晶的厚度基本上还是延续前代，没有太大的变化，总体来看依然是以薄为主，来看一则实例，春秋时期水晶环"M3：80，厚 0.5 厘米"（孔令远等，2002），可见这件水晶环的厚度仅仅只有零点几厘米，的确是相当的削薄，但是由于水晶硬度比较大，这样的厚度实用是没有影响的。关于水晶的厚度我们再来看一则实例，战国紫晶珠"M1：34，厚 0.6 厘米"（淄博市博物馆，1999），由此可见，战国时期的水晶厚度并没有太大的改观，主要是传统的延续，特别是与当代相距甚远。秦汉时期基本上也是这样，就不再过多赘述。

水晶球

3. 六朝隋唐辽金水晶

六朝隋唐辽金水晶在厚度特征基本上延续传统，厚度特征数值依然很小，我们来看一则实例，六朝水晶头饰"M1：23，厚0.2厘米"（老河口市博物馆，1998），由此可见，这件水晶头饰在厚度特征上的确是相当薄，这样的厚度只有像水晶这样硬度比较大的材质才能支撑，隋唐五代及辽金时期基本上这种趋势没有太大的改变，水晶在厚度特征上依然是以薄为显著特征。

4. 宋元明清水晶

宋元明清水晶在厚度特征上比较明确，主要是延续传统，但厚度特征显然还是在一点点的进步，只是进步的速度比价缓慢，直至明清时期，才在厚度上有了较大的一些改观，在厚度上进步比较大，出现了较多的圆雕的作品，如一些山子、笔架、大瓶等一到十几厘米的厚度都有见，但如鼻烟壶、花洗等依然是比较薄，总之是厚度较之前代有一些改观，但从根本上来看宋元明清水晶器皿的厚度特征还是有薄的倾向。

5. 民国当代水晶

民国时期的水晶在厚度特征上与清代基本相似，在这里就不再赘述。当代水晶在厚度特征上虽然也是延续了传统，但在延续传统的同时也有改变，而且这种改变还是比较大，就是厚者越厚，薄者越薄，很明显有些山子及其他大型的摆件，其厚度可以是十几厘米、几十厘米等厚度，非常壮观，当然，这与当代水晶开采能力的增加，原材料的易得性有关，正是大量的优良水晶原料支撑了这样的厚度。薄者越薄的情况也很常见，我们可以看到有些鼻烟壶的器壁非常之薄，还有些小饰件也是非常之薄，这一点我们在鉴定时应注意分辨。

粉晶吊坠　　　　　　　　　芙蓉石摆件　　　　　　　　芙蓉石摆件

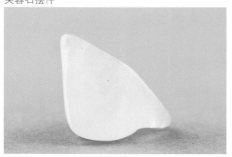

紫晶摆件

黄晶碗（三维复原色彩图）

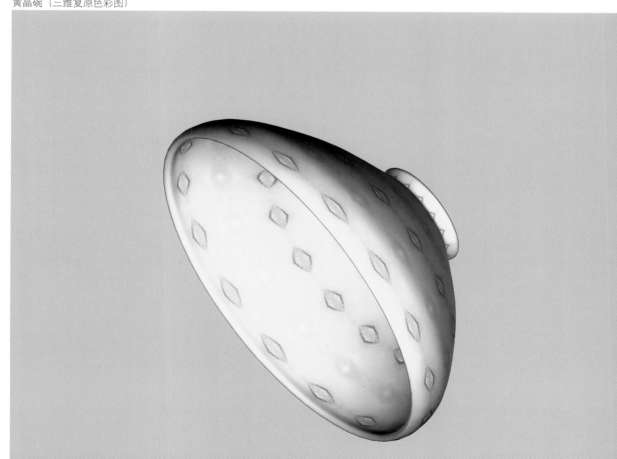

绿幽灵碗（三维复原色彩图）

二十七、直　径

水晶制品的直径涉及众多的水晶造型，如玦、环、璧、手镯、扣、珠子、球等，我们来看一则实例，战国水晶珠"M1：33，直径1.1厘米"（淄博市博物馆，1999），可见这件水晶珠在尺寸特征上不大了，应该是串珠一类，当然水晶珠的直径尺寸特征还有很多。总之，相同的器物造型直径会有不同，不同时代里相同的器物造型在直径特征上也会有所不同，下面让我们具体来看一下。

水晶球

芙蓉石手串

茶晶珠

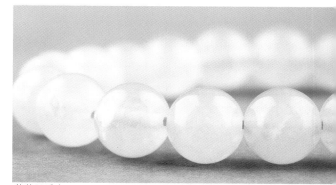

芙蓉石手串

1. 新石器时代水晶

　　新石器时代水晶直径特征比较简单，我们先来看一则实例，新石器时代环玦饰"最大 1 件为 8.6 厘米"（邓聪，1997），由此可见，这样的直径特征比较大，即使与我们当代镯子等相比也毫不逊色，但是新石器时代里也有比较小的直径特征，还是这批环玦"最小 1 件的直径是 1.1 厘米"，由此可见，新石器时代水晶环玦在直径上的特征可以用四个字来形容，既"大小不一"，当然这个特点也折射出新石器时代水晶制品在直径上的特征。

2. 商周秦汉水晶

商周秦汉时期的水晶在直径特征上比较明确，我们来看一则实例，春秋时期"水晶环 M3：80，外径 2.4 厘米"（孔令远等，2002），由此可见，这件春秋时期的水晶环的最大径只有两厘米多，这样水晶环显然是无法佩戴了，而只是作为装饰品或者配件来使用，与当代我们可以佩戴的水晶环实际上是两个概念，基本上是一种类似专有明器的特征。实际上这一时期的环绝大多数都是这样的一个特征。我们再来看一则实例，春秋战国水晶环"直径 3.2 厘米"（沂水县博物馆，1997），看来这样水晶环也是一件装饰品，而不是真正可以戴在手上的首饰。我们再来看一则实例，春秋战国水晶管"外径 0.35～0.5 厘米"（中国社会科学院考古研究所洛阳唐城队，2002），由此可见，水晶管的直径数值非常小，这说明管孔异常小，大的管也有见，总的来看春秋时期水晶制品在直径数值上有限。战国时期基本上延续春秋时期的特征，变化不大。来看一则实例，战国紫晶珠"M1：34，直径 0.9 厘米"（淄博市博物馆，1999）。由此可见，战国时期水晶珠在大小上比较适中，显然比前代有所进步，但这种进步实际上非常缓慢，但与我们当代小型的珠子已经很接近。秦汉时期水晶器皿在直径上进一步发展，我们来看一则实例，东汉水晶饰"M27：25，直径 1.5 厘米"（广西壮族自治区文物工作队，2002），由此可见，这一时期的水晶球体在直径上有进一步增大，这种趋势我们在鉴定时应注意分辨。

3. 六朝隋唐辽金水晶

六朝隋唐辽金时期的水晶制品在直径特征上基本延续前代，在直径特征上变化不大，我们来看一则实例，六朝水晶串饰"M6：26，直径 1.1 厘米"（南京市博物馆，1998），可见其串饰的直径与前代基本相当。再看一则实例，唐代水晶串饰珠"直径 0.8 厘米"（徐州市博物馆，1997），可见也是基本相当，由此可见，六朝隋唐辽金时期水晶在直径特征上并没有太大变化。

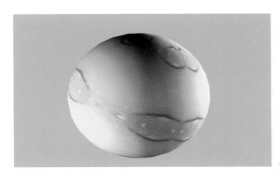

黄晶珠（三维复原色彩图）

茶晶珠

紫晶碗（三维复原色彩图）

4. 宋元明清水晶

　　宋元明清水晶在直径上特征明确，就是直径明显增大了，我们来看一则实例，明代水晶环"M3：35，直径4.3厘米"（南京市博物馆，1999），由此可见，虽然环的直径并不是很大，但起码比前代的多数数值要大一些。还有见一些水晶镯的直径达到7～8厘米，这样的手镯显然是可以佩戴的，串珠多为10厘米左右，可见这一时期水晶制品在直径特征上的确是增加了不少，向实用性的方向演变。

5. 民国当代水晶

　　民国水晶在直径上特征比较明确，就是传统的延续，与清代基本相似，以实用为显著特征。当代水晶在直径特征上大小不一，主要也是为了满足人们的需要为主，这与明清时期基本相似，如镯子的直径是为不同的人设计的，因此各种各样的镯子直径数值都有见。如通常5.5～6.5厘米的情况都有见，当然更大的情况也有见，但过小的镯子，也就是没有实用价值的镯子在当代很少见。不过更小尺寸特征在当代水晶制品中有见，如鼻烟壶的口径通常就比较小。珠子直径也比较小，通常多在0.5～0.6厘米，尺寸特征较为固定化。总之，当代水晶在直径上的特征很多都固定化到了一定数值，市场上说是有多少种型号，但从客观上来看，当代水晶在直径大小上显然处于历史最好时期，鉴定时应注意分辨。

第四章　识市场

第一节　逛市场

一、国有文物商店

国有文物商店收藏的水晶具有其他艺术品销售实体所不具备的优势，一是实力雄厚，二是古代水晶数量较多；三是中高级鉴定专业鉴定人员多；四是在进货渠道上层层把关；五是国有企业集体定价，价格不会太离谱。国有文物商店是我们购买水晶的好去处，基本上每一个省都有国有的文物商店，是文物局的直属事业单位之一。下面我们具体来看一看（表1）。

表1　国有文物商店水晶品质优劣表

名称	时代	品种	数量	品质	体积	检测	市场
水晶	古代	极少	极少	优／普	小器为主	通常无	国有文物商店
	明清	稀少	少见	优／普	小器为主	通常无	
	民国	稀少	少见	优／普	小器为主	通常无	
	当代	多	多	优／普	大小兼备	有／无	

黄晶摆件

优化金发晶吊坠

紫晶碗（三维复原色彩图）

　　由上可见，从时代上看，国有文物商店水晶古代有见，但比明清时期早的水晶很少见，而我们知道水晶在汉唐时期已是相当流行，但这些水晶多是随葬在墓葬当中，很多都保存在博物馆中，而明清时期水晶多是传世品，所以比较常见，民国时期水晶也比较常见，与清代基本相似；当代水晶达到了鼎盛，各种各样的水晶都有见。从品种上看，古代水晶品种没有当代齐全，如茶晶、烟晶、芙蓉石、紫晶等都比较少见，直至民国时期都是这样，而当代水晶在品种上比较齐全。从数量上看，国有文物商店内的水晶古代极为少见，明清民国时期有见，但数量也是比较少，只有当代水晶在数量上应有尽有。从品质上看，古代水晶在品质上较为优良，但普通的品质也是常见；明清时期也是优者有见，普通者也有见，但粗糙者很少见，民国

紫晶摆件

紫晶摆件

紫晶摆件

水晶摆件

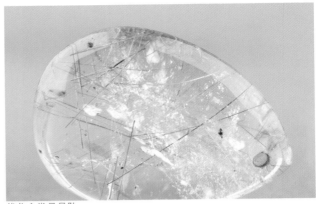

优化金发晶吊坠

时期基本延续明清，当代基本上也是延续传统，粗糙者很少见。从体积上看，国有文物商店内的水晶古代、明清、民国都是以小器为主，这是因为水晶的硬度很高，比玉还要坚硬，所以在古代雕刻难度比较大，因此一般的器物造型都比较小，而当代随着技术的提高，以及大型原材的出现，在体积上则是大小兼备。从检测上看，古代水晶通常没有检测证书等，明清和民国都是这样，而当代一些水晶有检测证书，但是只是一些物理性质的数据，优良程度并不能确定。

优化发晶执壶（三维复原色彩图）

二、大中型古玩市场

大中型古玩市场是水晶销售的主战场，如北京的琉璃厂、潘家园、十里河、小武基等，以及郑州古玩城、兰州古玩城、武汉古玩城等都属于比较大的古玩市场，集中了很多水晶销售商，像报国寺只能算作是中型的古玩市场。下面我们具体来看一下：

表2　大中型古玩市场水晶品质优劣表

名称	时代	品种	数量	品质	体积	检测	市场
水晶	古代	极少	极少	优／普	小	通常无	大中型古玩市场
	明清	稀少	少见	优／普	小器为主	通常无	
	民国	稀少	少见	优／普	小器为主	通常无	
	当代	多	多	优／普	大小兼备	有／无	

优化发晶碗（三维复原色彩图）

紫晶球（三维复原色彩图）

芙蓉石摆件

绿幽灵吊坠

水晶摆件

　　由上可见，从时代上看，大中型古玩市场上的水晶时代特征明确，古代、明清、民国和当代都有见，只是古董水晶比较稀少，而当代水晶数量比较多而已。从品种上看，水晶在古代比较单一，主要以无色透明的水晶为主，当代水晶的种类较多。从数量上看，明清之前时代的水晶在大中型古玩市场内出现数量极少，而在明清及民国时期基本上是有见，当代大中型市场内的水晶比较多，要多少有多少，很多门店都是批发；从品质上看，水晶在品质上无论是古代还是当代基本上都是以优良为主，但是普通者也有见。从体积上看，大中型市场内的水晶古代以小件为主，很少见到大器，而明清、民国、当代的水晶在体积上则是大小兼备。从检测上看，古代水晶进行检测的很少见，而当代水晶基本上也是这种情况，特别贵重者有检测证书。

黄晶摆件

黄晶摆件

黄晶摆件

优化钛晶碗（三维复原色彩图）

茶晶执壶（三维复原色彩图）

三、自发形成的古玩市场

这类市场三五户成群，大一点几十户，这类市场不很稳定，有时不停地换地方，但却是我们购买水晶的好地方，自发古玩市场水晶品质优劣情况见表3。

表3　自发古玩市场水晶品质优劣表

名称	时代	品种	数量	品质	体积	检测	市场
水晶	古代						自发古玩市场
	明清	稀少	少见	普/劣	小器为主	通常无	
	民国	稀少	少见	普/劣	小器为主	通常无	
	当代	多	多	优/普	大小兼备	通常无	

黄晶摆件

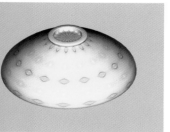
黄晶碗（三维复原色彩图）

紫晶摆件

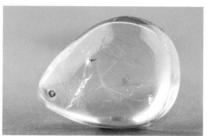
优化草莓晶吊坠

　　由上可见，从时代上看，自发形成的古玩市场上的水晶明清时期有见，但是超过明清时期的不能说没有真货，但真的是如大海捞针一般，以当代水晶为多见。从品种上看，自发古玩市场上的水晶明清和民国时期品种都很少见，以当代最为常见。从数量上看，明清民国都很少见，主要以当代为多见。从品质上看，明清和民国时期，普通和粗糙的情况都有见，精致者很少见，但是当代主要以优良料和普通者为主，过于粗制者很少见。从体积上看，明清及民国基本以小器为主，当代则是大小兼备，这主要是由于当代开采水晶的能力大为提高。从检测上看，这类自发形成的小市场基本上没有检测证书，全靠眼力。

水晶摆件

紫晶摆件

四、大型商场

大型商场内也是水晶销售的好地方，因为水晶本身就是奢侈品，同大型商场血脉相连，大型商场内的水晶琳琅满目，各种水晶应有尽有，在水晶市场上占据着主要位置。大型商场水晶品质情况见表4。

表4 大型商场水晶品质优劣表

名称	时代	品种	数量	品质	体积	检测	市场
水晶	古代						大型商场
	当代	多	多	优／普	大小兼备	通常无	

紫晶摆件

水晶摆件

黄晶摆件

红水晶摆件

水晶摆件

由上可见，从时代上看，大型商场内的水晶主要以当代为主，古代基本没有。从品种上看，商场内水晶的种类非常多，红水晶、紫水晶、白水晶、茶晶、墨晶、烟晶、芙蓉石等都有见。从数量上看，各类水晶的确都非常多、不缺货。从品质上看，大型商场内的水晶在品质上以优质为主，普通者有见，但是粗者几乎很少见。从体积上看，大型商场内水晶大小兼备，大到山子、摆件，小到摆件、串珠等都有见。从检测上看，大型商场内的水晶由于比较精致，十分贵重，多数有检测证书。

紫晶碗（三维复原色彩图）

芙蓉石手串

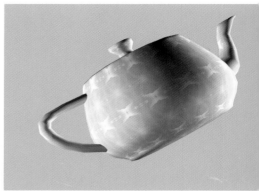

黄晶执壶（三维复原色彩图）

红水晶执壶（三维复原色彩图）

五、大型展会

大型展会，如水晶订货会、工艺品展会、文博会等成为水晶销售的新市场。大型展会水晶品质情况见表5。

表5 大型展会水晶品质优劣表

名称	时代	品种	数量	品质	体积	检测	市场
水晶	古代						大型展会
	明清	稀少	少见	优/普	小器为主	通常无	
	民国	稀少	少见	优/普	小器为主	通常无	
	当代	多	多	优/普	大小兼备	通常无	

红水晶摆件

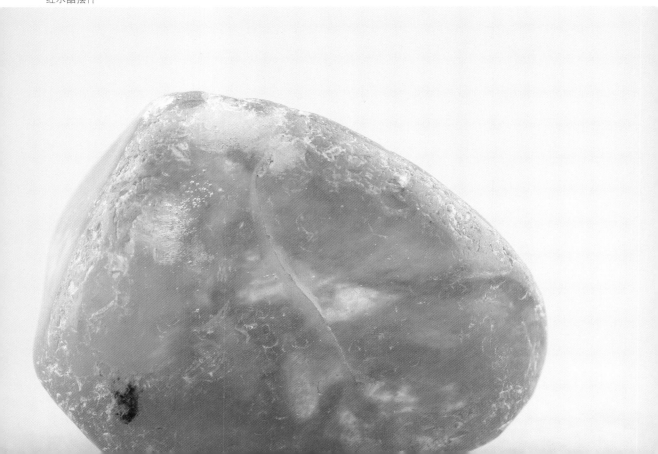

绿幽灵碗（三维复原色彩图）

　　由上可见，从时代上看，大型展会上的水晶，明清、民国时期都有见，但数量很少，而主要以当代为主。从品种上看，大型展会水晶品种比较多，已知的水晶品质基本上展会都能找到。从数量上看，各种水晶琳琅满目，数量很多，各个批发的摊位上可以看到大量的串珠等。从品质上看，大型展会上的水晶在品质上可谓是优良者有见，更有见普通者，但是低等级的水晶很少见。从体积上看，大型展会上的水晶在体积上大小都有见，体积已不是水晶价格高低的标志，这与当代水晶原石开采的规模化有关，主要以品质为判断标准。从检测上看，大型展会上的水晶多数无检测报告，只有少数有检测报告，但也只能是证明是水晶，其优良程度则是无法判断，主要还是依靠人工来进行辨别。

925 银链优化钛晶吊坠

紫晶摆件

水晶摆件

黄晶摆件

茶晶执壶（三维复原色彩图）

六、网上淘宝

网上购物近些年来成为时尚，同样网上也可以购买水晶，网上搜索会出现许多销售水晶的网站，通过表6了解网络市场水晶品质情况。

表6　网络市场水晶品质优劣表

名称	时代	品种	数量	品质	体积	检测	市场
水晶	古代	极少	极少	优／普	小	通常无	网络市场
	明清	稀少	少见	优／普／劣	小器为主	通常无	
	民国	稀少	少见	优／普／劣	小器为主	通常无	
	当代	多	多	优／普	大小兼备	有／无	

水晶摆件

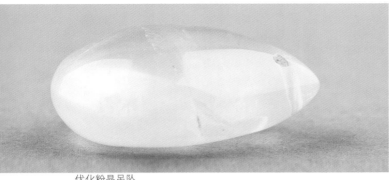

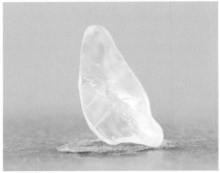

优化粉晶吊坠 　　　　　　　　　　　　　　　　　　　　水晶摆件

　　由上可见，从时代上看，网上淘宝可以很便捷买到各个时代的水晶，随意搜索时代名称加水晶即可，但是通常情况下明清、民国时期只是有见，不过数量很少，且明清以前的很少见，主要以当代为常见。从品种上看，水晶的品种极全，几乎囊括所有的水晶品种，如水晶、芙蓉石、紫晶、茶晶、墨晶等。从数量上看，各种水晶的数量也是应有尽有，只不过相对来讲无色水晶最多。从品质上看，水晶的品质古代以优良和普通为主，明清、民国时期则是优良、普通、粗劣者都有见，当代则是以优良和普通为多见，粗劣者几乎不见，这说明当代水晶在质量上有了质的飞跃。从体积上看，古代水晶绝对是小器，如战国时期主要是以小的水晶环等为常见，而明清和民国时期体积虽然还是以小器为主，但是大器也有见；而当代则是大小兼备。从检测上看，网上淘宝而来的水晶大多没有检测证书，而一部分有检测证书，当然在选择购买时最好是选择有证书者，但证书只是其物理性质的描述，并不能对品质进行有效的判断，这一点我们在购买时应注意分辨。

黄晶摆件 　　　　　　　　　　　　　　　　　茶晶执壶（三维复原色彩图）

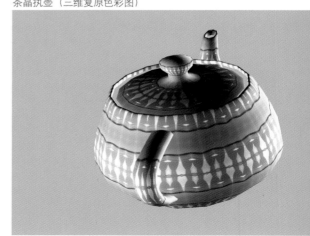

紫晶摆件

红水晶执壶（三维复原色彩图）

紫晶执壶（三维复原色彩图）

红水晶碗（三维复原色彩图）

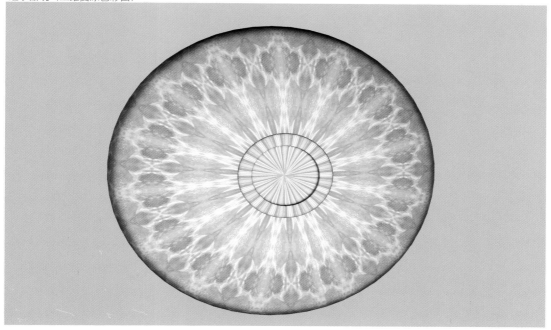

七、拍卖行

水晶拍卖是拍卖行传统的业务之一，是我们淘宝的好地方，具体我们来看表7。

表7　拍卖行水晶品质优劣表

名称	时代	品种	数量	品质	体积	检测	市场
水晶	古代	极少	极少	优／普	小	通常无	拍卖行
	明清	稀少	少见	优良	小器为主	通常无	
	民国	稀少	少见	优良	小器为主	通常无	
	当代	多	多	优／普	大小兼备	通常无	

由上可见，从时代上看，拍卖行拍卖的水晶各个历史时期的都有见，但主要以明清和民国及当代水晶为主。从品种上看，拍卖市场上的水晶在品种上比较齐全，以各种彩色水晶为显著特征，无色透明的水晶其实并不是主角，当然这是因为其价格比较便宜，以当代水晶品种最全。从数量上看，古代水晶极少见有拍卖，而明清、民国时期已经是比较多见，但是相对于当代还是属于绝对的少数。从品质上看，古代水晶优良和普通的质地都有见，而明清、民国时期的水晶主要是以优良品质为主，当代水晶在拍卖场上则是优和普通者都有见。从体积上看，古代水晶在拍卖行出现也是无大器，明清、民国几乎延续了这一特点，只是偶见大器，当代水晶在体积大小上则是有很大进步，大小兼备。从检测上看，拍卖场上的水晶一般情况下也没有检测证书，其原因是水晶其实比较容易检测，有的时候目测一下就可以了，所以拍卖行鉴定时基本可以过滤掉伪的水晶。

水晶摆件

黄晶执壶（三维复原色彩图）

黄晶摆件

优化草莓晶吊坠

紫晶摆件

优化发晶吊坠

水晶摆件

紫晶摆件

八、典当行

典当行也是购买水晶的好去处，典当行的特点是对来货把关比较严格，一般都是死当的水晶作品才会被用来销售。具体我们来看表8。

表8 典当行水晶品质优劣表

名称	时代	品种	数量	品质	体积	检测	市场
水晶	古代	极少	极少	优/普	小	通常无	典当行
	明清	稀少	少见	优良	小器为主	通常无	
	民国	稀少	少见	优良	小器为主	通常无	
	当代	多	多	优/普	大小兼备	有/无	

由上可见，从时代上看，典当行的水晶古代和当代都有见，明清和民国时期的制品虽然不是很多，但也是时常有见，主要以当代为多见。从品种上看，典当行水晶的品质古代以无色透明者为多见，紫晶等也有见，但总之是种类有限；明清时期在品种上已是比较常见，但相对于当代还是稀少的；当代水晶品种极为丰富，几乎涉及到无色水晶、紫晶、绿幽灵、芙蓉石、烟晶、红晶等。从数量上看，古代水晶的数量典当行极为少见，明清和民国时期水晶也是比较少见，只有当代水晶在典当行是比较常见。从品质上看，典当行内的水晶古代以优质和普通者为常见，明清时期基本上都是优良者，当代由

粉晶吊坠

芙蓉石摆件

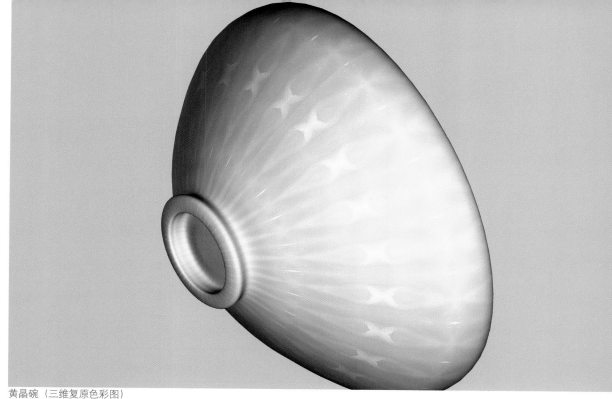

黄晶碗（三维复原色彩图）

于数量比较大，所以在水晶品质上也是参差不齐，优良和普通者都有见，但过于粗劣者基本不见，这与当代水晶原料整体优良程度的提高的有关。从体积上看，古代水晶的体积一般都比较小，很少见到大器，典当行内的水晶在明清时期主要以小器为主，大器偶见；当代水晶原料异常丰富，这为工匠们随心所欲地制作水晶提供了条件（图358），当代水晶已是大小兼备。从检测上看，典当行内水晶制品无论古代和当代真正有检测证书也不多见，当代的水晶相对多一些。

绿幽灵执壶（三维复原色彩图）

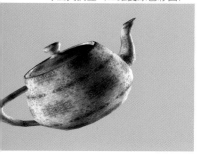

芙蓉石摆件

红水晶摆件

第二节 评价格

一、市场参考价

水晶具有很高的保值和升值功能，不过水晶器物的价格与时代以及工艺的关系密切，水晶在新石器时代就有见，但是普及的时间是在战国以后，秦汉以降，直至明清，当代更是流行，在整个水晶史当中以高古水晶为上，明清水晶为下品，一般人都以能够收藏到早明水晶为荣，而明清水晶则多是入门级，这是因为高古水晶在工艺上达到了相当高的水平；当代水晶更是星光璀璨，由于开采能力的提高，大量的粉晶、钛晶、发晶、茶晶等精品力作出现，深受人民喜爱，价格可谓是一路所向披靡，青云直上九重天，如，汉唐水晶几十万元者有见，但明清水晶通常在几千到几万元之间，价格比较低，这是有由于其数量比较多。由上可见，水晶的参考价格也比较复杂，下面让我们来看一下水晶主要的价格，这个价格只是一个参考，因为本书价格是已经抽象过的价格，是研究用的价格，实际上已经隐去了该行业的商业机密，如有雷同，纯属巧合，仅仅是给读者一个参考而已：

紫晶碗（三维复原色彩图）

黄晶碗（三维复原色彩图）

黄晶碗（三维复原色彩图）

黄晶摆件

黄晶摆件

明 水晶笔架：1.6 万～ 2.8 万元。

清 水晶花插：0.4 万～ 26 万元。

清 水晶盖盒：0.3 万～ 0.6 万元。

清 水晶笔架：0.5 万～ 0.8 万元。

清 水晶香盒：0.3 万～ 0.5 万元。

清 水晶水洗：1.6 万～ 2.3 万元。

清 水晶笔山：2 万～ 2.6 万元。

清 水晶球：0.4 万～ 3.6 万元。

清 水晶瓶：0.56 万～ 3.3 万元。

清 水晶印章：0.6 万～ 6 万元。

清 水晶素章： 1.6 万～ 2 万元。

清 水晶山子：5.6 万～ 8.8 万元。

清 水晶扳指：3.5 万～ 4.5 万元。

清 水晶水盂：0.2 万～ 5.9 万元。

清 水晶摆件：0.7 万～ 1.2 万元。

清 水晶盖瓶：1.6 万～ 4.5 万元。

清 水晶洗：0.8 万～ 3 万元。

清 水晶小炉：3 万～ 4 万元。

清 水晶炉：2.5 万～ 3.5 万元。

清 水晶狮印：3 万～ 6 万元。

清 水晶罗汉：3.6 万～ 4.8 万元。

清 水晶鼻烟壶：0.88 万～ 1.6 万元。

清 带皮水晶雕鼻烟壶：0.8 万～ 1.3 万元。

清 铜鎏金珐琅嵌水晶烟壶：0.1 万～ 1 万元。

清 水晶扳指：0.3 万～ 0.7 万元。

清 紫晶笔洗：1 万～ 3 万元。

清 水晶刀柄：8 万～ 13 万元。

清 水晶留皮笔筒：40 万～ 60 万元。

清 水晶佛塔：0.9 万～ 1.6 万元。

清 水晶烟壶：0.3 万～ 1.3 万元。

清 水晶人物坠：0.6 万～ 0.9 万元。

清 水晶鸭：0.5 万～ 0.8 万元。

清 水晶水滴：2.3 万～ 3.3 万元。

清 嵌松石水晶钵：4.6 万～ 6.2 万元。

清 水晶杯：2.8 万～ 3.6 万元。

民国 水晶内画烟壶：0.2 万～ 0.3 万元。

当代 紫晶瓶：400 万～ 980 万元。

当代 水晶内画烟壶：2 万～ 3 万元。

当代 水晶杯：0.6 万～ 0.9 万元。

当代 紫晶胸针：1.6 万～ 3.6 万元。

当代 水晶双寿坠：0.7 万～ 1 万元。

紫晶球（三维复原色彩图）

二、砍价技巧

砍价是一种技巧，但并不是根本性的商业活动，它的目的就是通过与对方讨价还价，找到对自己最有利的因素，但从根本上讲砍价只是一种技巧，理论上只能将虚高的价格谈下来，但当接近成本时显然是无法真正砍价的，所以忽略水晶的时代及工艺水平来砍价，结果可能不会太理想。通常水晶的砍价主要有这几个方面，一是品相，水晶在经历了岁月长河之后大多数已经残缺不全，但一些好的水晶今日依然是可以完整保存，正如我们在博物馆看到的汉唐水晶一样，不仅完好无损，而且更加润泽，所以仔细观察品相找到缺陷，这对于砍价至关重要。二是时代，水晶的时代特征对于水晶的价格有巨大影响，因为高古水晶最为贵重，数量少，不可再生，又是文物，承载了众多的历史信息，因此在价格上通常都是非常高，但是我们要注意其年代的情况，时代判断上的谬误，这样就可以轮锤砸价。从精致程度上看，水晶的精致程度可以分为精致、普通、粗糙三个等级，那么其价格自然也是根据等级参差不同，所以将自己要购买的水晶纳入相应的等级，这是砍价的基础。总之，水晶的砍价技巧涉及时代、做工、色彩、大小、净度、透明度等诸多方面，从中找出缺陷，必将成为砍价利器。

紫晶执壶（三维复原色彩图）

优化发晶执壶（三维复原色彩图）

红水晶碗（三维复原色彩图）

黄晶摆件

芙蓉石摆件

水晶摆件

优化粉晶吊坠

第三节　懂保养

一、清洗

　　清洗是收藏到水晶之后很多人要进行的一项工作，目的就是要把水晶表面及其断裂面的灰土和污垢清除干净，但在清洗的过程当中首先要保护水晶不受到伤害，可以直接放入水中来进行清洗，但最好是用纯净水清洗水晶，待到土蚀完全溶解后，再用棉球将其擦拭干净。

紫晶执壶（三维复原色彩图）

遇到未除干净的土渍，可以用牛角刀进行试探性的剔除，如果还未洗净，请送交相关专业修复机构进行处理，千万不强行械强剔除。总之，对于水晶的清洗，关键因素是不要让其接触有酸碱的液体，以免损伤晶体。

水晶摆件

黄晶摆件

茶晶碗（三维复原色彩图）

二、修 复

中国古代水晶历经沧桑风雨，大多数水晶需要修复，主要包括拼接和配补两部分，拼接就是用粘合剂把破碎的水晶片重新粘合起来，拼接工作十分复杂，有时想把它们重新粘合起来也十分困难，一般情况下主要是根据共同点进行组合，如根据碎片的形状、纹饰等特点，逐块进行拼对，最好再进行调整。配补只有在特别需要的情况下才进行，一般情况下拼接完成就已经完成了考古修复，只有商业修复再将水晶配补到原来的形状。

绿幽灵吊坠

黄晶执壶（三维复原色彩图）

黄晶摆件

水晶摆件

三、防止暴晒

　　水晶经受不住阳光的长时间暴晒，高温下的水晶很多会褪色，或者色彩变得不均匀。另外，暴晒水晶还会有引发火灾的危险，因为水晶在但短时间内聚热，会引燃周边的书籍纸张等。另外，也不要放在火边烤，这也会改变水晶的颜色，同时有爆裂的危险。

四、防止磕碰

　　水晶在保养中最大的问题就是防止磕碰，因为古代水晶在历经数千年岁月长河之后，非常的脆弱，稍有不慎，一些片雕的作品就会断开，对文物造成不可弥补的损失，那么在这一情况下，防止磕碰最主要的一点就是对待古玉器的态度一定要慎重，在把玩和移动时要事先做好预案，首先是轻拿轻放，其次是铺山软垫，以防止水晶不慎滑落，最后是独立包装，防止相互碰撞。

优化钛晶碗（三维复原色彩图）　　　　　紫晶碗（三维复原色彩图）

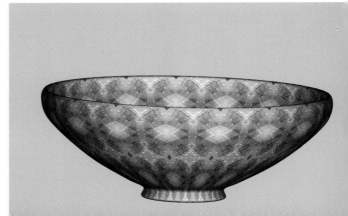

五、日常维护

水晶日常维护的第一步是进行测量，对水晶的长度、高度、厚度等有效数据进行测量，目的很明确，就是对水晶进行研究，以及防止被盗或是被调换。第二部是进行拍照，如正视图、俯视图和侧视图等，给水晶保留一个完整的影像资料。第三步是建卡，水晶收藏当中很多机构如博物馆等，通常给水晶建立卡片，如名称，包括原来的名字和现在的名字，以及规范的名称；其次是年代，就是这件水晶的制造年代、考古学年代；还有质地、功能、工艺技法、形态特征等的详细文字描述，这样我们就完成了对古水晶收藏最基本的工作。第四步是建账，机构收藏的水晶，如博物馆通常在测量、拍照、卡片、包括绘图等完成以后，还需要入国家财产总登记账和分类账两种，一式一份，不能复制，主要内容是将文物编号，有总登记号、名称、年代、质地、数量、尺寸、级别、完残程度，以及入藏日期等，总登记账要求有电子和纸质两种，是文物的基本账册。藏品分类账也是由总登记号、分类号、名称、年代、质地等组成，以备查阅。

紫晶摆件

六、相对温度

水晶的保养室内温度也很重要，特别是对于经过修复复原的水晶温度尤为重要，因为一般情况下黏合剂都有其温度的最高临界点，如果超出就很容易出现黏合不紧密的现象，一般库房温度应保持在 20 ～ 25℃，这个温度较为适宜，我们在保存时注意就可以了。

七、相对湿度

水晶在相对湿度上一般应保持在 50% 左右，如果相对湿度过大，对保存水晶不利，同时也不易过于干燥，保管时还应注意根据水晶的具体情况来适度调整相对湿度。

水晶摆件

黄晶摆件

红水晶摆件

第四节　市场趋势

一、价值判断

　　价值判断就是评价值，我们所作了很多的工作，就是为了要做到能够评判价值。在评判价值的过程中，也许一件水晶有很多的价值，但一般来讲我们要能够判断水晶的三大价值，既古水晶的研究价值、艺术价值、经济价值。当然，这三大价值是建立在诸多鉴定要点的基础之上的，研究价值主要是指在科研上的价值，如透过中国古代水晶的饰件，可以帮助人们的思绪回到非常遥远的人类童年时代，在新石器时代人们就发现并开始利用水晶这一宝石，琢磨出了各种器物，但有的是工具、农具，饰品只是占据一部分，商周时期水晶基本上已经主要是作为一种饰品在使用，春秋战国时期我们发现了诸多的水晶环等工艺水平较高的装饰品，可谓是精美绝伦，相当漂亮。汉唐以降，直至当代，水晶都是各种装饰品的主流，流光溢彩，点缀着寂寥的时空，通过这些水晶不仅使我们感叹于中国古代高度发达的科学技术水平，以及工艺水平，而且通过水晶上所蕴藏的丰富的历史信息，可以使我们复原不同历史时期的点点滴滴，可以窥视到当时人们的所思所想，具有很高的历史研究价值等，对于历史学、考古、人类学、博物馆学、民族学、文物学等诸多领域都有着重要的研究价值。水晶具有相当高的艺术价值，其艺术价值体系相当复杂，如水晶的造型艺术、纹饰艺术、雕刻艺术、色彩艺术等，都是同时代艺术水平和思想观念的体现，特别是各个时代的精品力作更具有较高的艺术价值，而我们收藏的目的之一就是要挖掘这些艺术价值。另外，水晶在极高的研究和艺术价值的基础之上也具有了很高的经济价值，且其研究价值、艺术价值、经济价值互为支撑、相辅相成，呈现出正比的关系，研究价值和艺术价值越高，经济价值就会越高；反之，经济价值则逐渐降低。

黄晶执壶（三维复原色彩图）　　　　紫晶碗（三维复原色彩图）

二、保值与升值

中国古代水晶在中国有着悠久的历史，水晶在新石器时代就已经产生，但直至战国时期才开始逐渐流行，直至当代，人们趋之若鹜，人们对于水晶品类的追求是无限的，白水晶、芙蓉石、紫晶、黄晶、茶晶、发晶等，星光璀璨，历史上每个不同的历史时期流行的水晶都是有所不同。从水晶收藏的历史来看，水晶是一种盛世的收藏品，在战争和动荡的年代，人们对于水晶的追求凤愿会降低，而盛世人们水晶的情结通常水涨船高，水晶会受到人们追捧，特别是名品，如发晶、钛金、绿幽灵等更是这样；近些年来股市低迷、楼市不稳有所加剧，越来越多的人把目光投向了水晶收藏市场，在这种背景之下水晶与资本结缘，成为资本追逐的对象，高品质的水晶的价格扶摇直上，升值数十倍至上百倍，而且这一趋势依然在迅猛发展。

从品质上看，水晶对品质的追求是永恒的，当水晶并非都是精品力作，如水晶的净度，其实就很难掌握。自然之物，很多上面都有各种各样的杂质，所以品质高的水晶实际上非常稀少，是人们孜孜以求的。同时，高品质的水晶也具有很强的保值和升值功能。

从数量上看，对于水晶而言已是不可再生，特别是高品质水晶，一件难求，工艺精湛、巧夺天工者更是一件难求，"物以稀为贵"，具有很强的保值、升值的功能。

总之，水晶的消费特别大，人们对水晶趋之若鹜，优质水晶料不断爆出天价，被各个国家的收藏者所收藏，且又不可再生，具备"物以稀为贵"的特性，相信今后水晶保值、升值的空间会进一步加大。

紫晶摆件

参考文献

[1] 中国社会科学院考古研究所洛阳唐城队.河南洛阳市中州路北东周墓葬的清理 [J].考古,2002(12).

[2] 青海省文物管理处,青海省海南藏族自治州民族博物馆.青海同德县宗日遗址发掘简报 [J].考古,1998(5).

[3] 广西壮族自治区文物工作队.广西贵港市马鞍岭东汉墓 [J].考古,2002(3).

[4] 广西壮族自治区文物工作队,合浦县博物馆.广西合浦县九只岭东汉墓 [J].考古,2003(10).

[5] 邓聪,商志,黄韵璋.香港大屿山白芒遗址发掘简报 [J].考古,1997(6).

[6] 广东省文物考古研究所,普宁市博物馆.广东普宁市池尾后山遗址发掘简报 [J].考古,1998(7).

[7] 孔令远,陈永清.江苏邳州市九女墩三号墩的发掘 [J].考古,2002(5).

[8] 沂水县博物馆马玺伦,宋桂宝.山东沂水县全美官庄东周墓 [J].考古,1997(5).

[9] 南京市博物馆.江苏南京市北郊郭家山东吴纪年墓 [J].考古,1998(8).

[10] 徐州市博物馆.江苏徐州市花马庄唐墓 [J].考古,1997(3).

[11] 南京市博物馆.江苏南京市明黔国公沐昌祚、沐睿墓 [J].考古,1999(10).

[12] 广州市文物考古研究所.广州市横枝岗西汉墓的清理 [J].考古,2003(5).

[13] 老河口市博物馆.湖北老河口市李楼西晋纪年墓 [J].考古,1998(2).

[14] 中国社会科学院考古研究所西藏工作队,西藏自治区文物管理委员会.西藏贡嘎县昌果沟新石器时代遗址 [J].考古,1999(4).

[15] 云南省文物考古研究所,玉溪市文物管理所,江川县文化局.云南江川县李家山古墓群第二次发掘 [J].考古,2001(12).

[16] 广西文物工作队,合浦县博物馆.广西合浦县母猪岭东汉墓 [J].考古,1998(5).

[17] 淄博市博物馆.山东淄博市临淄区南马坊一号战国墓 [J].考古,1999(2).

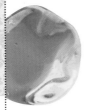